环境友好水处理功能材料：
制备、表征和应用前景

南方科技大学水处理环境材料团队　著

科学出版社

北　京

内 容 简 介

　　本书介绍一类具有"绿色"和"可持续"特性的环境友好型水处理材料，介绍这类材料在原料选取、产品制备和循环利用等环节来实现环境友好这一目标。本书以水处理中应用广泛的膜材料、电极材料和吸附材料为例，具体介绍如何利用资源丰富和成本低廉的天然高分子材料（如壳聚糖）、农业废弃物和生物污泥等生物基物质、工业固体废弃物（如粉煤灰）等作为原料来制备环境友好材料，介绍环境友好型材料的制备和表征方法，以及应用前景，并提出当今的挑战和未来的发展方向，为促进环境友好型材料和相关水处理技术的开发和应用提供示例。

　　本书可供环境科学和工程领域，特别是水处理材料制备和应用领域的科研人员、环保企业和政府环保部门工作人员参考。

图书在版编目（CIP）数据

环境友好水处理功能材料：制备、表征和应用前景 / 南方科技大学水处理环境材料团队著 . —北京：科学出版社，2022.11
　ISBN 978-7-03-074006-9

Ⅰ.①环…　Ⅱ.①南…　Ⅲ.①水处理–功能材料　Ⅳ.①TU991.2

中国版本图书馆 CIP 数据核字（2022）第 222622 号

责任编辑：李晓娟 / 责任校对：杨 然
责任印制：吴兆东 / 封面设计：无极书装

科 学 出 版 社 出版
北京东黄城根北街 16 号
邮政编码：100717
http://www.sciencep.com

北京中科印刷有限公司 印刷
科学出版社发行　各地新华书店经销
*
2022 年 11 月第 一 版　开本：720×1000　B5
2023 年 2 月第二次印刷　印张：9 1/4
字数：200 000
定价：128.00 元
（如有印装质量问题，我社负责调换）

前　言

水是人类赖以生存的宝贵资源。随着社会和经济的高速发展，水的需求和供应间的差距正在不断扩大。目前，已有多个国家同时出现水量型、水质型缺水情况，水资源安全形势变得日益严峻。水污染防控和污水处理回用是解决水资源问题的一大关键，已成为世界范围内的研究热点和难点。

现代水污染防控和水处理技术与水处理材料密切相关。吸附去除、膜分离、光化学和电化学等现代水处理技术都离不开水处理材料。吸附材料与相关水处理技术能够去除低浓度和难降解污染物，如重金属、无机物和持久性有机污染物，已在供排水处理和日常生活中得到广泛应用。吸附材料和相关水处理技术在去除污染物同时也能富集水中有用物质，为进一步开发资源回收利用技术奠定了重要基础。膜材料和相关技术包括微滤膜、超滤膜和纳滤膜，可以高通量去除各种污染物，并能够分别和同时满足多个水质指标，如颗粒物、微生物、水质软化以及脱盐。高级氧化技术通过产生活性氧、羟基等自由基氧化去除污染物，特别是难降解污染物。然而，当今的水处理材料仍面临重要挑战，如现有的水处理材料许多为化工材料，使用后的材料往往难以生物降解，在后处理过程中可能造成二次污染。材料的制备和应用成本也是影响新型水处理材料推广的一大挑战，应对这些挑战的关键是制备出经济高效和环境友好型水处理材料。

本书旨在介绍新型水处理材料的制备和应用，几类前沿水处理材料在原料选取，产品制备和循环利用等环节具有"绿色"和"可持续"的环境友好特性，通过将资源丰富和成本低廉原料如天然高分子材料、农业废弃物和生物污泥等废弃生物基物质、天然弃物矿物以及工业固体废弃物等作为原料，采用低能耗和清洁生产工艺来制备水处理材料。这类材料不但环境友好，同时能够降低成本。本书以水处理中应用广泛的膜材料、吸附材料和电极材料为例，介绍环境友好材料的制备、表征和应用前景，为促进环境友好材料和相关水处理技术的开发和应用提供示例。第 1 章主要介绍如何利用环境友好的天然高分子原料制备可生物降解的膜材料方法及其在水处理技术上的应用。第 2 章主要介绍新型低成本生物质碳基电极材料的研发与水体中污染物电催化降解技术。第 3 章主要介绍资源化硅基环境功能材料，并讨论其面向实际应用时的再生性能及其对几类新兴污染物的吸附机制。第 4 章主要介绍如何利用人工智能筛选环境功能材料与新型环境材料制备实例。第 5 章主要介绍先进表征手段、微观结构原位观测及其在环境功能材料制备中的应用等。

本书由南方科技大学水处理环境材料团队共同撰写。第 1 章环境友好型分离膜材料由刘鑫博士领衔撰写，第 2 章基于废弃生物质的碳基电化学材料由陈少卿博士领衔撰写，第 3 章多孔氧化硅吸附材料制备及水处理应用和第 4 章机器学习辅助的环境功能材料制备技术由索红日博士组织撰写，第 5 章环境功能材料性质和性能的原位表征由李炜怡博士组织撰写，其他团队成员包括乔涵、陈玉龙等博士生和硕士生，他们为各章内容提供了各种数据、图片和实例。全书文字整理和文献编辑由汪伊硕士负责完成。本书在撰写和出版过程中得到广东省科学技术厅项目（2017ZT07Z479）的支持。此外，本书撰写和出版工作得到了科学出版社李晓娟编辑和王勤勤编辑的协助，在此一并感谢。

当今水处理环境友好材料制备和应用领域的发展十分迅速，限于作者和团队的知识水平，书中如有不当之处恳请各位读者批评指正。

刘崇炫

2022 年 10 月于深圳

目　　录

第1章 环境友好型分离膜材料

1.1 引　言

膜技术通常是指利用选择性半透膜对具有不同特性的混合物组分进行提纯或浓缩的先进分离技术。其中，广义上的"选择性半透膜"可泛指两相之间的一个不连续区间，该区间可为固相、液相甚至气相，其特征在于该区间具有筛分功能且其三维量度中一维远小于其他两维；狭义上的"选择性半透膜"则多指用于各种分离过程的固体薄膜，其中又以基于高分子材料的分离膜为主。作为20世纪中后期首次实现工业化应用的一种新兴技术，膜技术相较于其他分离技术更加高效、环保，其优点集中体现在：①膜技术操作简单且可实现连续分离，其分离性能可灵活调控；②膜分离通常可在温和条件下进行，且回收率高、能耗较低、无需添加剂；③膜分离的工艺相容性高，易与其他操作单元联合使用，可因地制宜地进行组合以满足工艺需求；④膜分离设备组装方便、结构紧凑、所需空间小、组件化程度高、易于工业放大。

膜分离的诸多优点使该技术被广泛应用于水处理、海水淡化、气体分离、化工生产、食品医药和电池制备等资源回收与能源获取过程中，在环境、经济和社会的可持续发展领域发挥着重要作用。自"九五"计划首次提及"膜产业技术"以来，我国对膜产业的政策定位经历了由"适当发展"到"积极开展"再到"高度重视"和"重点培养"的演变；最新的"十四五"规划则更是将"加强以再生水为代表的膜产业建设，推进污水资源化利用"作为水处理和资源化利用的指导方针之一。在政策牵引和现实需求的双重驱动下，我国的膜产业已逐渐形成千亿元的市场规模，并仍以每年10%的复合增长率不断发展壮大，其中又以基于分离膜的水处理技术为主（邢卫红，2016）。尽管如此，我国膜产业的发展仍面临着巨大的挑战，其主要表现为：①我国对膜材料尤其是先进膜材料的开发起步较晚，自主创新能力相对较弱；②主要膜材料和高端分离膜的进口依赖严重，尚未实现国产替代；③膜技术应用领域过于集中，以水处理和海水淡化为代表的环保领域占据了我国膜产业90%以上的市场份额，导致高端产业、低端环节的现象较为严重（郑祥和魏源送，2019）。

鉴于我国膜产业的发展现状和存在的问题，开发基于先进功能材料的新型分离膜并探索其潜在的应用场景具有重大的环境、经济和社会意义。本章将以天然高分子壳聚糖材料为代表，重点介绍基于环境友好型材料的分离膜的研发意义和应用前景，详细展示该类分离膜的制备与表征方法及其应用效果。

1.2 环境友好型材料与膜技术

本小节将以环境友好型材料的定义及其主要分类方式为切入点，帮助读者准确把握这一种类繁多的新兴材料的涵盖范围和共同特点。在此基础上，本小节将简要阐述开发高分子类环境材料的重要意义，以及该类材料在环境治理方面的应用前景，进而引出本章后续围绕的核心——高分子类环境材料，即以壳聚糖为代表的天然高分子。与此同时，本小节还将通过回顾膜技术的发展历程，剖析膜材料在膜技术进步中所发挥的重要作用，从而点明本章的主旨，即探讨基于壳聚糖的分离膜制备方法，并展示相关分离膜在以水处理为代表的污染治理领域的应用前景。

1.2.1 环境友好型材料概述

"环境友好型材料"简称"环境材料"，通常是指在加工、制造、使用和再生过程中具有最低环境负荷、最大使用功能的人类所需材料（冯奇等，2010）。环境友好型材料的核心理念在于材料的环境协调性，即在考虑材料使用性能和经济性能的基础上，拓展并强调其环境性能这一新属性。所谓材料的环境性能，是指该材料的资源和能源消耗少、环境污染少、循环再利用率高（夏阳华和熊惟皓，2002）。环境友好型材料有多种分类方式，按照其功能和用途可划分为绿色能源材料、绿色建筑材料、绿色包装材料、生物功能材料、环境工程材料、可降解材料和长寿命材料等；按照其材料性质则可划分为生物类环境材料、金属类环境材料、无机非金属类环境材料和高分子类环境材料等。环境友好型材料的分类如图 1-1 所示。本章聚焦于环境友好型高分子分离膜的制备，因此将重点介绍高分子类环境材料。需要指出的是，无机非金属类环境材料和金属类环境材料在分离膜制备中也发挥着重要的作用。例如，各种无机非金属类环境材料可作为制备陶瓷膜等无机分离膜的主要材料，以金属纳米颗粒为代表的多种金属类环境材料也已被用于纳米复合膜的研发，并取得了良好的效果（Pendergast and Hoek，2011）。

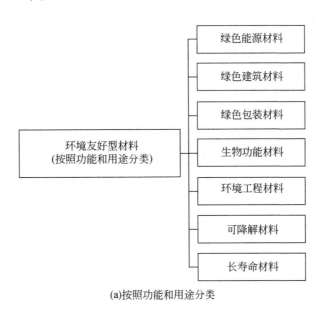

(a)按照功能和用途分类

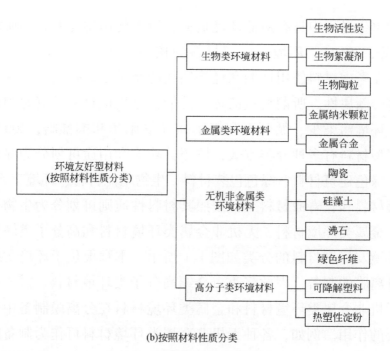

(b)按照材料性质分类

图 1-1　环境友好型材料分类

　　高分子类环境材料属于高分子材料的一种，而高分子则是指由多个原子（通常为成百上千个）彼此以共价键结合形成的具有较大相对分子质量和重复结构单元的一类长链有机化合物的统称，该类化合物的相对分子质量通常在数千至数百万之间（Jenkins et al., 1996）。根据其来源，高分子材料可分为天然高分子材料和合成高分子材料两大类（图 1-2），其中合成高分子材料的出现为人们提供了大量性能优异、价格低廉、易于生产加工的新材料，极大地促进了科技的进步、改善了人们的生活质量、加速了社会经济的发展。目前，合成高分子材料已成为应用最广泛的材料，其年产量已超越包括钢铁在内的各种材料而居于世界首位（冯奇等，2010）。在提高人们生活水平的同时，合成高分子材料在世界范围内造成的各种环境问题及其近年来生产应用所遇到的瓶颈也引发了人们的强烈关注。例如，在化石资源快速消耗的现状下，以不可再生化石资源为原料的合成高分子的制备必将愈发困难；合成高分子材料的生产过程也极易产生多种"三废"（即废水、废气和废渣）物质，严重威胁着人体健康和生态环境；合成高分子材料及其制品在达到使用寿命后的废弃处置也十分棘手，对其采用焚烧或填埋等常规处理方法都极易造成严重的环境污染。此外，近期研究表明，合成高分子材料及其制品会分解产生大量具有环境毒性的微塑料和纳米塑料颗粒，上述颗粒在生态圈内迁移富集后，会对人体健康和生态环境造成显著危害与潜在威胁（Eerkes-Medrano et al., 2015）。尽管合成高分子材料在原料获取、生产应用和废弃处理等生命周期过程中易造成污染并引发环境问题，但是以合成高分子材料为主体的高分子材料在改善人类生活环境以及污染治理方面也发挥着重要的作用，其中又以分离膜、絮凝剂、离子交换和吸水树脂等高分子材料制品为典型代表。鉴于合成高分子材料所面临的环境问题及其制品在包括环境治理在内的多个领域的广泛使用，近年来人们对其替代品即环境友好的高分子类环境材料的开发和应用愈发重视。

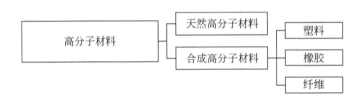

图 1-2　高分子材料分类

天然高分子材料是自然界中由光合作用或生化反应所形成的高分子化合物的统称，是最为重要的一类高分子环境材料；其主要存在于多种动植物和微生物等生物体内，包含以纤维素、甲壳素和淀粉等为代表的多糖类天然高分子，以各种蛋白质、酶、多肽和核酸等为代表的蛋白类天然高分子，以巴西橡胶和杜仲胶等为代表的橡胶类天然高分子，以琼脂、褐藻胶及阿拉伯胶等为代表的树脂类天然高分子等（汪怿翔和张俐娜，2008）（天然高分子材料分类如图 1-3 所示）。相较于其他高分子类环境材料，天然高分子材料具有储量丰富、分布广泛、易于获得、价格低廉、环境友好、再生迅速等特点。在此，需要强调和区分的是，天然高分子材料因其与生俱来的环境协调性，必然属于高分子类环境材料；合成高分子材料若具备环境友好的特性（如低毒性和可降解性等），也可归为高分子类环境材料；伴随着科技的进步，部分传统天然高分子材料可以采用人工合成的方式、通过复杂的制备过程由化石材料制得（宋桂经，1998）。高分子类环境材料与天然高分子材料及合成高分子材料之间的关联如图1-4所示。

图1-3　天然高分子材料分类

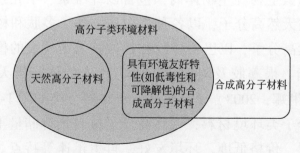

图1-4　高分子类环境材料与天然高分子材料及合成高分子材料之间的关联

1.2.2　膜技术的发展历程

　　以膜技术为代表的先进分离技术在原料的生产提纯、产品的加工制造和生产过程的污染治理等方面发挥着重要的作用，已被用于多个与国计民生和科技进步密切相关的关键领域。膜分离技术诞生自 Abbé Nollet 于 1748 年观测到的渗透现象，该现象描绘了一种选择性透过过程、更准确地说是正渗透（forward osmosis，FO）过程，即水自发地通过由猪膀胱制作的薄膜进入另一侧的酒精中。自此，以选择性半透膜为核心处理单元的膜分离技术正式步入了发展的初期。该阶段的分离膜多采用各种天然存在的薄膜，如猪、牛、鱼的膀胱和动物的肠壁等（Mason，1991）；受限于膜材料及膜性能，这一时期膜技术发展十分缓慢，并且以实验室尺度的分析测试和理论研究为主。直至 1855 年，Fick 采用硝化纤维素首次制备出人工合成的火棉胶（collodion）分离膜。相较于动物脏器薄膜（animal-based membranes），该合成膜的稳定性显著提升，从而为人们建立基于空间位阻的膜分离机理、提出截留分子量和超滤等概念以及探究膜孔径与膜分离性能之间的关系，奠定了实验基础并提供了研究对象。20 世纪 20 年代，商品化的火棉胶分离膜在德国面世，并被用于水处理和气体净化等研究，但是受制于其较低的渗透性和选择性，较差的机械强度和可靠性，以及较高的生产成本，这一时期的分离膜应用多限于实验室或特定场景的小型专业应用（如战时的饮用水处理）（Lonsdale，1982）。

　　20 世纪 60 年代，Loeb 和 Sourirajan 以醋酸纤维素为原料，通过基于非溶剂致相转化（nonsolvent-induced phase separation，NIPS）的湿法铸膜制备出具有典型非对称结构、可用于海水淡化的醋酸纤维素反渗透（reverse osmosis，RO）膜（Loeb，1981）。该醋酸纤维素反渗透膜既拥有决定膜分离能力的致密选择层，又具备可为膜提供机械支撑的多孔疏松层，在保证膜分离性能和机械强度的同时，大幅降低了膜分离过程的能量消耗和运行成本。在海水淡化应用测试中，该膜的水通量可达到当时普通反渗透膜的 10 倍以上，且其截盐性能优异（Loeb，1981）。该膜的问世，标志着膜技术突破了实验室的局限，开启了大规模工业化应用的时代。自此，膜技术进入快速发展阶段。1975 年，Strathmann 等将醋酸纤维素反渗透膜作为基膜，在其致密侧通过界面聚合（interfacial polymerization，IP）的方法制备出兼具高选择性和低水力阻力的聚酰胺选择层，进一步提高了膜的分离性能，同时使聚酰胺复合薄膜具有更广的 pH 适用范围和更佳的抗膜污染性能。通过界面聚合方法制备的复合薄膜所展现出的优异分离效果，不仅使该方法迅速盛行，也让人们意识到合成高分子膜材料的优势。得益于同时期合成高分子制备技术的发展，聚砜、聚醚砜、聚偏氟乙烯、聚丙烯腈和聚乙烯醇等人工合成高分子材料逐渐被用于分离膜制备，相继实现了气体分离、渗透汽化和膜蒸馏（membrane distillation，MD）等膜分离技术的商业化应用（孙福强等，2002）。合成高分子材料在热稳定性、化学稳定性、抗污染性和机械强度等方面相较天然高分子材料更具优势，并且在分离膜制备中采用合成高分子材料、选用适宜的制备方法更容易对膜次级结构进行调控，因此，合成高分子逐步取代纤维素等天然高分子及其衍生物，占据膜材料的主导地位（郑领英，1999）。

通过回顾膜技术和膜材料的发展历程可知，先进膜材料和适宜制备方法的开发与应用是推动膜技术发展的动力源泉，膜分离效率则是衡量分离膜性能及其实用价值的重要指标之一。鉴于当前合成高分子材料在原料获取、生产制备和废弃处理等生命周期各阶段所面临的难以持续的问题，开发环境友好的新型膜材料具有紧迫性和重要意义。近年来，基于天然高分子的分离膜绿色制备工艺的相关研究取得了显著的成果，为膜技术可持续发展提供了契机和途径。目前，包括纤维素和壳聚糖等在内的多种天然高分子已被相继用于分离膜的制备或改性（汪怿翔和张俐娜，2008）。其中，壳聚糖是由自然界中总量仅次于纤维素的第二大天然高分子材料甲壳素（通常存在于虾、蟹、昆虫等节肢动物外骨骼和真菌细胞壁中）脱乙酰化制得。相较于纤维素等天然高分子，壳聚糖具有更强的亲水性、吸附性和抗菌性（Xu et al.，2008），从材料性质上更适于制备水处理分离膜。本章将以壳聚糖材料为核心，在展现天然高分子分离膜制备方法发展演化的基础上，重点介绍环境友好型壳聚糖分离膜的制备。

1.3 分离膜制备基础

通过简要回顾膜技术和膜材料的发展历程可知，膜分离技术的关键在于分离膜；而分离膜的制备除了选用适宜的先进膜材料外，还需结合膜材料特性开发适当的膜制备工艺，从而获得具有特定次级结构和理化性质的分离膜。鉴于高分子分离膜在膜领域中的主导地位，本小节将重点介绍高分子分离膜的常用制备方法，包括铸膜液配制、相分离膜制备方法以及复合薄膜制备方法等。

1.3.1 铸膜液配制

要将宏观形貌通常为颗粒或粉末状的高分子材料制备成具有特定膜面积和次级结构的分离膜，首先需要将一定量的高分子材料（可为单一或混合种类的高分子）溶于良溶剂中，并根据需要加入适量的造孔剂（如氯化锂等）和增稠剂（如大分子量的聚乙烯吡咯烷酮等），随后搅拌至各溶质完全溶解，形成均匀稳定、具有一定流延性能的待刮铸高分子溶液，该溶液被称为铸膜液。铸膜液组分的改变是调控成膜动力学过程、膜次级结构乃至膜分离性能的有效途径之一。

1）合成高分子铸膜液的配制

聚砜、聚醚砜、聚丙烯腈、聚偏氟乙烯、聚丙烯和聚乙烯等是用量位居前列的合成高分子膜材料，上述材料通常难溶于水，却易溶于偶极非质子溶剂（又称偶极溶剂）。而常用作高分子良溶剂的偶极非质子溶剂，如 N-甲基吡咯烷酮（N-methyl pyrrolidone，NMP）、N,N-二甲基甲酰胺（N,N-dimethylformamide，DMF）、N,N-二甲基乙酰胺

（DMAc）、四氢呋喃和丙酮等，则具有较高的生物毒性和环境毒性
（Prat et al.，2014）。据统计，合成高分子商品膜的制备每年会产生超
过 500 亿 L 被 N- 甲基吡咯烷酮和 N, N- 二甲基甲酰胺污染的废水
（Razali et al.，2015）；考虑到该废水的毒性、体量和生态环境影响，
上述偶极非质子溶剂在欧盟等地区的分离膜生产中已被严格监管甚至
禁用（Baig et al.，2020）。针对此问题，研究者们已着手开发环境友
好的合成高分子绿色溶解方法。

　　近年来，Baig 等（2020）提出了水溶液相分离（aqueous phase
separation，APS）这一膜制备的新理念，并将其成功用于开发具有多
种次级结构且分离性能各异的合成聚电解质分离膜。该理念的核心在
于，当铸膜液和凝固浴皆为水溶液时，通过刺激因素诱导等手段（如
改变 pH 等）使铸膜液中的高分子失稳并沉析，从而获得高分子分离
膜。相较于传统合成高分子分离膜的制备过程，聚电解质易溶于水
且铸膜液以水为溶剂进行配制，因此，基于水溶液相分离的膜制备
工艺得以摆脱高毒性偶极非质子溶剂的束缚，为高分子分离膜的绿
色制备提供了可行途径。水溶液相分离涵盖多种具体机制和相应方
法，可用于诱发液膜（经刮涂的铸膜液）中的高分子沉析。通过选
用合成聚电解质聚（4-乙烯吡啶）为膜材料，Willott 等（2020）对
水溶液相分离的多种机理和影响因素进行了探索，其中最典型的水
溶液相分离机制为 pH 诱导。pH 诱导机制可概述为：因质子化而带
正电的聚电解质由于静电排斥作用而在低 pH 的水溶液中溶解，形成
均一稳定的铸膜液；当铸膜液接触高 pH 的凝固浴（如水或碱性水溶
液）时，铸膜液中氢离子的释放乃至酸碱中和反应的发生将导致铸
膜液失稳并发生相分离。铸膜液或凝固浴中的盐离子也会改变聚电
解质的溶解状况，因此可被用于调控水溶液相分离过程，进而改变
所制备聚电解质分离膜的次级结构和分离性能。例如，Nielen 等
（2021）研究了有马来酸盐存在的聚苯乙烯（polystyrene，PS）铸膜
液的 pH 诱导水溶液相分离过程，其结果表明，铸膜液和凝胶浴中酸
的种类和浓度可改变膜次级结构，从而得到包括微滤、超滤和纳滤

等多类别的分离膜。Durmaz 等（2021）探索了含有高浓度氯化钠的"聚苯乙烯磺酸钠–聚二烯丙基二甲基氯化铵"铸膜液体系的水溶液相分离机理，并将其解释为铸膜液中的盐在化学势的推动下向凝胶浴（如纯水）扩散，导致原本在高盐浓度下能稳定共存的、带异种电荷的两种聚电解质因静电作用而发生络合，从而形成聚合物配合物（polyelectrolyte complex）分离膜。

尽管已有的水溶液相分离研究多聚焦于合成聚电解质分离膜的制备，但需要强调的是，基于酸溶法和碱溶法的天然高分子（如壳聚糖等）的铸膜液配制及其成膜过程也属于广义的水溶液相分离。以壳聚糖为例，其铸膜液和凝固浴皆为水基溶液，并且质子化的壳聚糖也是一种天然聚阳电解质。对相关研究的介绍详见本小节"天然高分子铸膜液的配制"和 1.3.2 节。

2）天然高分子铸膜液的配制

尽管以纤维素和壳聚糖为代表的天然高分子展现出高度亲水性，但由于天然高分子普遍具有耐溶剂性，其通常难溶于常见的非质子有机溶剂和水，这给天然高分子铸膜液的配制带来了挑战。经过长期的不懈探索，逐渐形成了三种解决该难题的主要思路。第一种思路是，鉴于天然高分子衍生物与其自身原有的（物化）性质差异显著，可使用化学方法将天然高分子改性成其衍生物，采用类似于合成高分子铸膜液配制的非质子有机溶剂溶解方法，制备天然高分子衍生物分离膜。例如，颇负盛名的 Loeb-Sourirajan 反渗透膜就是将纤维素的衍生物醋酸纤维素溶解于丙酮水溶液中。第二种思路与第一种思路类似，同样先将天然高分子以其衍生物的形式溶解，配制成铸膜液，其不同点在于，待刮铸成膜得到天然高分子衍生物分离膜后，再使用化学手段将天然高分子衍生物转化为天然高分子，从而获得天然高分子分离膜。上述两种思路的本质都是将天然高分子转化为其衍生物，利用天然高分子衍生物的性质配制铸膜液，进而制备分离膜。此外，第一种思路自始至终使用的都是天然高分子衍生物，因此严格地说，基于该方案制备的分离膜并非天然高分子分离膜。与前两种思路不同，第三种思路是针对天然高分子的特性（如易于形成络合物等），探索适于溶解天然高分子的溶液体系。基于这一思路，人们陆续开发出铜氨溶液法、黏胶法、DMAc-LiCl 溶解法、N-甲基吗啉-N-氧化物（N-methylmorpholine N-oxide，NMMO）溶解法、离子液体法和"碱–尿素"溶液低温冻融法等。

铜氨溶液法和黏胶法是两种具有悠久历史的天然高分子溶解方法，二者皆诞生于 19 世纪中后期并主要被用于溶解纤维素。尽管这两种方法在早期的天然高分子相关研究中发挥了重要的作用，但由于其各自的缺点，目前这两种方法已经基本被淘汰。例如，铜氨溶液对氧非常敏感，在溶解过程中若有氧存在会导致天然高分子迅速氧化降解，影响产品的质量（刘菁，2008），此外，废弃的铜氨溶液的生态危害相对较大，处理回收工艺较为繁琐。而黏胶法中所使用的二硫化碳会对环境造成严重污染，所制备的再生纤维中也含有有害物质。20 世纪 80年代初，Trubak 等发现可以利用极性有机溶剂与锂盐形成的有机络合物溶液体系溶解纤维素，如 DMAc-LiCl 或 NMP-LiCl（李娜等，2001）。该溶解方法的机理在于借由溶剂中的游离氯离子与纤维素中的羟基结合形成牢固的氢键，破坏纤维素的氢键网络结构，从而溶解纤维素。该溶液体系溶解纤维素时无明显的高分子分解现象，因此也被称为纤维素的"真正溶剂"（李娜等，2001）。尽管如此，考虑到 DMAc-LiCl 溶液体系的剧毒性、强腐蚀性和强挥发性，其产业化应用仍面临着严峻的挑战。鉴于上述方法的不足，Swatloski 等（2002）开发出基于离子液体的天然高分子溶解方法。该方法的原理类似于 DMAc-LiCl 溶解体系，即利用阴、阳离子与天然高分子形成络合物而使其溶解。但是由于离子液体的回收难度相对较大，该溶解方法的成本升高、产业化难度增大。Eastman Kodak 公司的 Johnson（1969）则报道了基于NMMO 的天然高分子溶解体系，该体系同样是通过破坏天然高分子内部的氢键网络结构以实现其溶解。以纤维素为例，纤维素分子的无水葡萄糖单元会与 NMMO 中的强偶极性"N—O"键中的氧原子形成 1 ~2 个氢键，促使 N—O 基团与羟基形成稳定的络合物、避免纤维素分子链段间的聚集，从而达到溶解纤维素的效果。该溶解方法简化了纤维素溶解流程，降低了药品使用量和能耗，并且溶解过程中不会发生化学反应，采用过氧化氢氧化纯化法即可实现 NMMO 溶剂的回收利用（回收率可达99%），因此该方法也被认为是一种无显著环境污染的绿色生产工艺。

"碱-尿素"溶液低温冻融法是另一种极具产业化前景的天然高分子溶解方法。该方法起源于 Kamide 等（1992）报道的在 0℃ 条件下溶解经蒸汽爆破的木浆（主要成分为纤维素）的碱溶液体系。随后，Isogai 和 Atalla（1998）系统地研究了碱溶液浓度以及环境温度对于纤维素溶解的影响。武汉大学张俐娜院士所带领的研究团队则通过对多种天然高分子的系统研究，确立并完善了"碱-尿素"溶液低温冻融的天然高分子溶解体系（汪森等，2017）。该方法不仅实现了环境友好的溶解过程，提高了天然高分子的溶解效率，还显著增强了天然高分子成膜后的机械强度，减轻了所制备的天然高分子膜在纯水中溶胀。这种绿色溶解方法通过将天然高分子分散于"碱-尿素"溶液中，经过多次冻融搅拌，破坏天然高分子羟基之间的分子内和分子间氢键；利用低温以及尿素分子和天然高分子之间形成的氢键稳定天然高分子链段，有效减少天然高分子链段聚集，从而得到可再生的氢键诱导包合物，实现天然高分子的溶解（Cai et al.，2007）。

需要指出的是，虽然很多天然高分子属于多羟基醇、可被视为碱、具有接受质子的能力，但是以纤维素为代表的天然高分子在低浓度的弱酸溶液中难以溶解，而在高浓度强酸溶液中又会发生剧烈降解，故此种"酸溶法"对制备再生天然高分子分离膜并无实用价值。而壳聚糖则由于在弱酸性条件下（如浓度极低的醋酸水溶液中）便可轻易实现氨基的质子化带电，可依靠带电壳聚糖链段之间的静电排斥实现基于酸溶法的壳聚糖溶解。

1.3.2 分离膜制备方法

根据高分子分离膜的次级结构可将其分为对称膜（又称均质膜）和非对称膜两大类，其中均质膜又可分为致密均质膜和微孔均质膜。致密均质膜通常渗透通量过低，因此较少被用于工业生产，多被用于实验室研究工作。致密均质膜的常用制备方法包括溶液浇铸法、熔融挤压法和聚合交联法［即因聚合过程产生的反应热而引起聚合加速的现象并由此引发交联，从而制备致密均质膜，如均质离子交换膜（王湛等，2018）］等。微孔均质膜则可通过径迹刻蚀法、拉伸法、溶出法和烧结法等方法获得。用于电渗析的离子交换膜通常也是均质膜，其特征在于该均质膜荷电；根据膜中活性基团的分布，可将离子交换膜分为异相膜、均相膜和半均相膜三类，常通过高分子聚合交联或高分子共混、高分子嫁接等方法制备。高分子均质膜的分类和主要制备方法如图 1-5 所示。

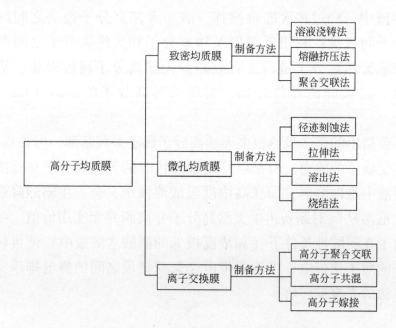

图 1-5　高分子均质膜的分类和主要制备方法

非对称膜是指膜次级结构在深度方向上具有显著差异、呈现非对称性的高分子分离膜。非对称膜同时具备决定膜分离性能的致密选择层和提供机械强度的多孔支撑层，因此，非对称膜相较于均质膜通常展现出更高的渗透通量。非对称膜可分为相分离膜（又称"相转化膜"）及复合薄膜（thin film composite membrane，TFC 膜）两类；前者的选择层和支撑层为同种材料，是通过多种相分离制备方法一步形成的非对称结构，前文提到的 Loeb-Sourirajan 醋酸纤维素反渗透膜（也称 L-S 膜）便是相分离膜的杰出代表；后者的选择层和支撑层则由不同材料组成，通过在支撑层上进行界面聚合、复合浇铸和等离子聚合等方法形成超薄选择层。高分子非对称膜的分类和主要制备方法如图 1-6 所示。

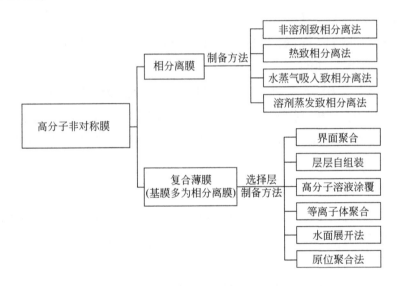

图 1-6 高分子非对称膜的分类和主要制备方法

1）相分离膜的制备方法

相分离膜是指通过相分离过程制备的一类分离膜，而相分离过程是指在成膜过程中由于多种因素的影响，高分子从均一相的铸膜液中逐渐沉析出来，并分成富含高分子、最终形成高分子膜基质的高分子富相，以及缺少高分子、最终形成分离膜膜孔的高分子贫相。根据相分离驱动力和影响因素的不同，可将相分离膜的常用制备方法分为非溶剂致相分离（nonsolvent induced phase separation，NIPS）法、热致相分离（thermally induced phase separation，TIPS）法、水蒸气吸入致相分离法和溶剂蒸发致相分离法（又称干法铸膜）等。

（1）非溶剂致相分离法：又称浸没沉淀相分离法或 NIPS 法，是相分离制膜中最常用的一种方法。该方法首先将高分子溶解在良溶剂中获得铸膜液，随后在光滑平面上对铸膜液进行刮涂，再将液膜浸入含有非溶剂的凝固浴中，使液膜内溶剂与液膜外非溶剂之间发生物质交换，直至交换完成、相分离结束，便可得到具有次级结构的分离膜。在此过程中，初期铸膜液表层溶剂与非溶剂之间交换速率较快，致使分离膜上表面（即直接接触凝固浴的液膜表面）通常会形成一层致密的皮层结构，使得分离膜呈现出典型的非对称结构，该结构使膜渗透通量和选择性得以提高。目前，绝大多数商品分离膜是通过非溶剂致相分离法制备得到的。

（2）热致相分离法：又称 TIPS 法，是 20 世纪 80 年代初由 Castro 提出的一种制膜方法，其基本特征是"高温溶解，低温分相"。该法将高沸点、低挥发性的溶剂加热到结晶性高分子的熔点以上，并将高分子溶于其中形成均相溶液，随后降温冷却致使溶液发生相分离，再选用挥发性试剂将高沸点溶剂萃取出来，从而获得高分子微孔膜。该方法适用于多种因溶解度低而不能采用常规溶解法配制铸膜液的结晶性高分子，且其制膜过程便于对孔径及孔隙率等进行调控。

（3）水蒸气吸入致相分离法：将含有高分子的刮涂薄膜（铸膜液配制方法同 NIPS 法）置于非溶剂蒸汽气氛中，随着非溶剂扩散进入液膜，吸入潮湿环境中的水蒸气使高分子从液膜中析出发生相分离而成膜。在该过程中，可通过改变蒸汽温度、蒸汽湿度及停留时间等实验参数以调控膜次级结构，同时膜次级结构还受高分子浓度、添加剂含量和种类等因素的影响。

（4）溶剂蒸发致相分离法：该法是一种相对简单的相分离制膜方

法。将高分子溶于由易挥发溶剂和难挥发非溶剂共同组成的混合溶剂中配成铸膜液。在将铸膜液刮涂为均匀液膜后，易挥发溶剂快速逸出，界面处高分子浓度增加形成皮层；当高分子与非溶剂浓度增加至凝胶点时，发生相分离，从而形成致密薄膜。此法多用于制备气体分离膜和反渗透膜。

2）复合薄膜的制备方法

复合薄膜通常选用相分离膜为基膜，在其致密侧采用界面聚合、层层自组装、高分子溶液涂覆、等离子体聚合、水面展开法、原位聚合法等多种方法制备超薄选择层，以获得渗透率高、膜阻力低的非对称膜。具体方法如下。

（1）界面聚合：将两种高反应活性的单体分别溶于两种互不相溶的溶剂中（一般为水相和有机相），当两相溶液相互接触时，单体会通过扩散进入对面相溶液并在两相溶液界面处发生缩聚反应，基于该反应的薄膜制备方法即为界面聚合。以聚酰胺薄膜的界面聚合为例，首先将具有非对称结构的相分离多孔基膜（通常为微滤或超滤膜）浸入溶有胺类（常用间苯二胺）的水溶液中，一段时间（数十秒至数分钟）后将基膜取出并去除多余的水溶液，使溶液在基膜表面形成一层极薄的水层，再将含有另一种活泼单体酰氯（常用均苯三甲酰氯）的有机溶液倾倒在该膜上，诱发界面聚合反应。由于酰氯单体在水相中的溶解度较低，在反应过程中，胺单体会越过溶剂界面进入有机相中，同时，两种单体之间的反应既迅速又剧烈，故而反应初期生成的聚酰胺高分子会被限制在溶剂界面有机侧的极狭窄区域内，形成相对疏松的聚酰胺层；随着反应的进行，聚酰胺层逐渐完整、致密；受此影响，胺单体的扩散受到抑制，愈发缓慢，直至反应终止。界面聚合反应具有典型的自抑制性，并且操作简便、调控灵活（通过改变反应条件即可获得形貌和渗透性能各异的界面聚合薄膜）、易于工业放大，是当前制备商品反渗透膜最常用的方法。基于界面聚合反应的聚酰胺选择层成膜过程如图 1-7 所示。

（2）层层自组装：制备复合薄膜超薄选择层的常用方法之一。采用

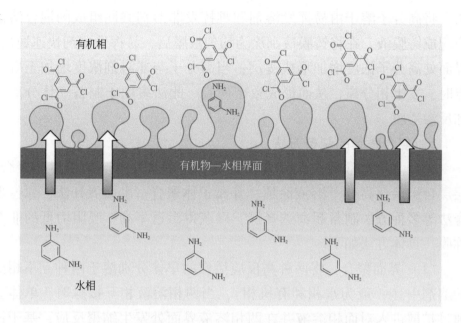

图 1-7　基于界面聚合反应的聚酰胺选择层成膜过程

逐层交替沉降的方式、利用各层分子或离子之间的相互作用（图 1-8），使得分子或离子有规律地相互吸引结合，形成结构完整、性能稳定并具有特定功能（如控制膜表面的电性，从而有效截留某些带电物质）的纳米尺度高分子薄膜。层层自组装不但是一种薄膜制备方法，还可被用于表面改性，其成膜机理复杂多样、可选择材料范围广泛，包括聚电解质、带电荷的有机小分子、生物大分子和无机纳米颗粒等。以聚电解质为原料、采用层层自组装制备超薄选择层的方法可概括为，将基膜（通常表面带有大量电荷）交替浸入带异种电荷的聚电解质溶液中，每次交替沉降后用去离子水洗去膜表面附着的多余聚电解质，重复沉降和清洗步骤数次，即可制成聚电解质层层自组装复合薄膜。由层层自组装法制备的复合薄膜具有诸多优点。首先，层层自组装法可以在分子尺度上精确控制选择层薄膜的厚度和组成。其次，层层自组装的操作步骤简单、调控方便，根据需要增减沉降和清洗次数即可获得渗透率和选择性不同的聚电解质薄膜。再次，聚电解质溶液和清洗溶液的溶剂皆为水，相对绿色环保。最后，通过调整阴阳离子聚电解质的沉降次数，可使复合薄膜表面携带电性相反的电荷，从而达到有效排斥目标离子的效果。该方法的缺点在于，虽然操作简单，但工序较为繁琐，若要制备大面积的商品膜，所需设备的占地面积较大。

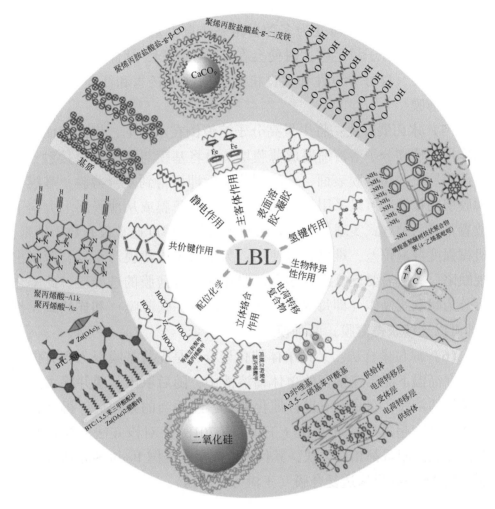

图 1-8　不同原料的层层自组装的机理示意（Xu et al., 2015）

（3）高分子溶液涂覆：该方法的成膜机理有多种，如高分子涂料的活性官能团与基膜表面的活性官能团相互反应进行聚合或交联，或基膜表面的高分子溶液因溶剂挥发而导致高分子析出，抑或熔融高分子冷却后在物体表面形成一层薄层。高分子涂料通常是具有活性官能团的低液态分子或线性高分子化合物。

（4）等离子体聚合：采用沉降的方式在基膜上制备超薄致密选择层的另一种方法。其原理是在高真空的条件下，电离的离子化气体（如氩气）与有机单体蒸气（如含氮、含烯烃双键的有机化合物）碰撞，使得反应物单体转变为多种自由基，自由基之间可以发生反应，当生成的产物分子量足够大时便会在基膜上沉积，从而形成具有优异化学稳定性、良好导电性和优良机械柔韧性（杨隽和汪建华，2004）的复合薄膜。

（5）水面展开法：将少量高分子溶液倒在水面上，借助表面张力的作用，使高分子溶液铺展成薄膜层，再将基膜与该薄膜层接触，使得薄膜层覆盖在基膜表面，待溶剂蒸发后即可得到复合薄膜。基膜与薄膜层的接触，可以采用从水面下向上提拉基膜或从薄膜层上方向下放置基膜两种方式实现。以该方法制备的薄膜厚度通常仅有数十纳米，机械强度普遍较差，难以直接使用；为了避免该薄膜乃至复合薄膜出现缺陷，一般需要反复制备多层薄膜作为复合薄膜的选择层。此工艺可分为间歇式操作（即每次在水面只能制备一张薄膜）和连续式操作（即可以连续获得薄膜）两种模式。

（6）原位聚合法：又称单体催化聚合，是先将基膜浸入含有催化剂并在高温下能迅速聚合的单体稀溶液中，随后取出基膜并除去过量的单体稀溶液，在高温下进行催化聚合，经适当的处理后，得到具有单体聚合物超薄层的复合膜（王湛等，2018）。对该方法的探索和相关商品膜的制备都相对欠缺，其代表性成果是美国 Borth Star 研究所研制出的 NS-200 反渗透复合膜（王湛等，2018）。

1.4　基于天然高分子的分离膜制备

在 1.3 节概括介绍高分子分离膜常用制备方法的基础上，本小节将通过选取代表性的研究成果，回顾壳聚糖分离膜的发展历程，阐述采用天然高分子壳聚糖材料制备多种壳聚糖分离膜的具体方法及其调控方式，展现壳聚糖膜在气体分离、渗透汽化和去除水中污染物等多个具体应用场景的分离效果，描绘天然高分子壳聚糖材料在膜分离领域的广阔应用前景。

1.4.1　采用溶剂蒸发致相分离法制备壳聚糖分离膜

溶剂蒸发致相分离法又称干法铸膜，是最早出现且操作最简单的一种基于相分离的膜制备方法。该方法一般被用于制备次级结构较为致密的高分子分离膜（如致密膜或微孔膜等）。由于所获得的分离膜结构致密、孔径较小，基于干法铸膜的分离膜的渗透通量普遍小于由非溶剂致相分离法获得的分离膜，故而多被用于反渗透过程或气体分离。此外，溶剂蒸发致相分离法对高分子和溶剂的种类有一定的要求，其成膜所需的时间一般较长，所使用的有机溶剂挥发性强且通常具有较强的毒性，上述使得基于溶剂蒸发致相分离法的膜制备研究数量较其他相分离方法相对偏少。

采用溶剂蒸发致相分离法制备天然高分子壳聚糖膜的研究始于20世纪90年代。例如，Ito 等（1997）使用该方法制备具有较高二氧化碳渗透率的壳聚糖气体分离膜。其具体方法为，先将壳聚糖溶解在浓度为 2wt.% 的醋酸溶液中，配制成壳聚糖质量分数为 4wt.% 的铸膜液，随后将壳聚糖铸膜液刮涂在经亲水改性的聚丙烯微孔支撑膜（厚度约为 25μm）上，使壳聚糖液膜中的溶剂（水和醋酸）在室温条件下蒸发，再将其置于 50℃ 的烘箱中干燥 24h，得到厚度为 7～17μm、可有效分离二氧化碳和氮气（CO_2/N_2 的分离因子在室温条件下可达到 ~70）的壳聚糖分离膜。

溶剂蒸发致相分离法不仅可被用于制备壳聚糖气体分离膜，也可以获得对溶液中污染物具有良好去除效果的壳聚糖水处理分离膜。Long 等（2020）将等量的壳聚糖和聚乙二醇溶解在浓度为 10wt.% 的醋酸溶液中，使两种高分子的质量分数各占铸膜液的 5wt.%，经充分搅拌、静置脱泡后，将所得铸膜液分别以 50μm、75μm 和 150μm 的刮涂厚度铺展于玻璃板上，随后在30℃下干燥3h使液膜中的溶剂完全蒸发，并采用强碱溶液浸泡（浓度为0.5mol/L的氢氧化钠溶液）和去离子水冲洗等方法获得壳聚糖纳滤膜。在此基础上，可根据需要反复重复上述步骤数次（一般小于3次），以获得厚度不同、分离性能各异的壳聚糖纳滤膜。所制备的壳聚糖膜不但展现出较高的水通量 $[2.5 \sim 20L/(m^2 \cdot h)]$ 和二价盐截盐率（对氯化钙和硫酸镁的截留率分别可高达94.8%和87.8%），而且对印染废水中以甲基橙为代表的六种常见染料的截留率可达99%以上，有望为印染废水处理提供一种经济高效的分离膜。

溶剂蒸发致相分离法制备的壳聚糖膜多为致密膜且壳聚糖高分子具有良好的亲水性，因此，基于溶剂蒸发致相分离的壳聚糖膜也常被用于渗透汽化等膜过程以处理常规蒸馏法难以分离的液体混合物。为了降低分离膜厚度、提升其渗滤通量，Feng和Huang（1996）制备了一种以聚砜膜为基膜、以壳聚糖为选择层的渗透汽化复合膜。其具体方法为，将一定量的壳聚糖溶解于稀醋酸（0.79wt.%）中以获得壳聚糖浓度为0.53wt.%的溶液，随后将该溶液涂覆于聚砜基膜上停留30min；接着去除基膜上多余的壳聚糖溶液，将复合膜置于烘箱中并在70℃的循环热风条件下干燥2h；选用强碱溶液浸润经室温下空气干燥的壳聚糖–聚砜复合膜，用去离子水清洗后再次干燥以待后用。当进料液水含量为10%且进料液温度为35℃时，复合膜对水和乙二醇混合溶液的渗透汽化分离效果最佳，此时渗透侧的水含量可达92%。该研究结果表明，通过溶剂蒸发致相分离法制备的壳聚糖分离膜在渗透汽化领域展现出巨大的应用潜力，可作为传统蒸馏法的替代方法分离诸如水和乙二醇等的混合溶液。Ge等（2000）对影响壳聚糖膜结构及其渗透汽化性能的溶剂蒸发致相分离成膜条件进行了深入探索，其选用的壳聚糖膜制备方法与Feng和Huang（1996）类似。该方法的步骤包括：首先将壳聚糖溶解于稀醋酸中得到不同浓度的铸膜液，再将壳聚糖铸膜液过滤并静置脱泡后均匀涂覆在洁净的玻璃板上，随后把覆有壳聚糖液膜的玻璃板放入烘箱中进行溶剂蒸发致相分离，烘箱温度控制在 293~363K 的 6 个不同温度、时间为 30~120min；成膜后将壳聚糖膜置于室温的硫酸溶液中浸泡 10min，继而取出用去离子水清洗，并储存在等摩尔比的乙醇水溶液中待用。对所制备的壳聚糖膜进行渗透汽化测试可知，壳聚糖膜对乙醇水溶液的分离效果取决于制备过程中溶剂蒸发致相分离的操作温度，而与壳聚糖浓度和加热时间等关联较小；壳聚糖膜的结晶度随成膜温度的升高而增大，且晶体尺寸越大、数量越多，壳聚糖膜对乙醇水溶液的分离性能越好；当成膜温度为 343K 时，所制备壳聚糖膜的分离系数可达 1100，即在处理含水量为 10% 的进料液时，渗透侧的水含量约为 99%。

利用壳聚糖的氨基和羟基官能团可与多种物质发生吸附这一特性，溶剂蒸发致相分离制备的致密壳聚糖膜也可被用作水处理吸附膜。Karthikeyan 等（2019）将约 2g 的壳聚糖溶解于 100mL、2% 的醋酸溶液中，并滴加 1mL 甘油，再将 50mL、0.2mol/L 的七水合氯化镧滴入前述溶液中混合，搅拌 3h 后得到壳聚糖铸膜液；随后将涂覆了该壳聚糖铸膜液的培养皿置于 60℃ 的热风炉中干燥，将干燥后的壳聚糖膜浸没在质量分数为 5% 的强碱液中 24h，剥离经碱液浸泡的壳聚糖膜并用去离子水洗涤以除去残留试剂。该研究表明，镧离子的加入可显著提高壳聚糖膜对磷酸根和硝酸根离子的吸附能力，该膜对水中的磷酸根和硝酸根离子的最大吸附量分别可达 76.6mg/g 和 62.6mg/g，展现出良好的吸附效果。

采用溶剂蒸发致相分离法制备的壳聚糖膜相对致密，其渗透通量一般较低。针对这一问题，Zeng 和 Ruckenstein（1996）将不同粒径（5~40μm）的二氧化硅微粒作为模板型造孔剂掺杂到壳聚糖铸膜液中，在相分离成膜后，通过选择性溶解的方法使用强碱溶液将镶嵌在壳聚糖网格结构中的二氧化硅微粒溶解，从而获得具有高孔隙率、高通量的壳聚糖分离膜（渗透汽化膜）。该方法不仅可以通过选用不同粒径和掺杂量的二氧化硅微粒灵活调控壳聚糖膜的孔径大小与孔隙率，所制备的壳聚糖膜还展现出较商品微孔聚醚砜膜更高的机械强度。

1.4.2 采用湿法铸膜制备天然高分子分离膜

正如"1.3.1 铸膜液配制"中所介绍，天然高分子壳聚糖在水溶液中展现出良好的溶解性，因此可采用酸溶法或碱溶法等环境友好的溶解方法配制壳聚糖铸膜液，并将铸膜液刮涂成液膜后浸入凝固浴中相分离成膜。需要指出的是，尽管包括水溶液相分离在内的壳聚糖湿法铸膜过程可被视为非溶剂致相分离的一种特例（即可将溶解壳聚糖和使其发生相分离的两种水溶液分别认作"溶剂"和"非溶剂"），但该过程也同时拥有传统非溶剂致相分离所不具备的特点。首先，酸溶法、碱溶法中壳聚糖的溶解机理有别于传统非溶剂致相分离中合成高分子的溶解机理。具体而言，之所以可使用酸溶法配制壳聚糖铸膜液是因为壳聚糖的氨基在酸性条件下质子化带电，凭借带电壳聚糖链段之间的静电排斥实现壳聚糖的溶解；基于碱溶法的壳聚糖铸膜液配制机理则是依靠溶液中的碱破坏壳聚糖分子间的氢键并形成易于溶解且相对稳定的"壳聚糖–碱–尿素"包合物，最终达到溶解壳聚糖的目的。而合成高分子的溶解一般遵循"极性相近"、"溶度参数相近"或"溶剂化"等原则，其本质是高分子与溶剂相互混合从而使体系整体的吉布斯自由能（或焓变）减小的过程（Mulder，1996）。其次，壳聚糖铸膜液和凝固浴通常皆为水溶液，故其相分离不存在传统意义上的"非溶剂侵入"（non-solvent in）和"溶剂溶出"（solvent out）的"溶剂–非溶剂交换"过程。再次，在酸溶法成膜的过程中，为了使质子化的壳聚糖脱去质子、恢复电中性，常选用碱溶液为凝固浴，其成膜过程通常涉及剧烈的酸碱中和反应。鉴于壳聚糖成膜过程与传统非溶剂致相分离的差异，本小节将包括水溶液相分离在内的壳聚糖湿法相分离成膜过程统称为壳聚糖的"湿法铸膜"，并介绍其中具有代表性的研究成果。

基于酸溶法的湿法铸膜是一种常用的壳聚糖分离膜制备方法，该方法的运用时间相对较长。早在 20 世纪 80 年代，Yang 和 Zall（1984）

便利用此方法对壳聚糖反渗透膜的制备进行了先驱性探索。他们将由壳聚糖和 2.0% 稀醋酸溶液配制的壳聚糖铸膜液刮涂于玻璃板上，使之形成一定厚度的透明壳聚糖液膜，随后将载有液膜的玻璃板浸入浓度为 10% 的碱溶液中，使液膜中的酸与凝固浴中的碱进行中和，进而得到壳聚糖水凝胶薄膜。为了提高该膜在酸性环境中的稳定性，他们还对壳聚糖膜进行了乙酰化处理，即将壳聚糖膜浸入含有 5% 的醋酸和 3% 的二环己基碳二亚胺的甲醇溶液中一段时间。在此研究中，Yang 和 Zall（1984）初步探索了铸膜液中壳聚糖浓度、测试压力、进料液中氯化钠浓度、进料液 pH 和聚丙二醇添加剂等制备与测试条件对壳聚糖分离膜性能的影响。经测试可知，在 680psi[①] 的高压测试条件下，含有 40% 聚乙二醇的壳聚糖膜展现出最佳的分离性能，其对浓度为 0.2% 且 pH 大于 7 的氯化钠溶液截留率为 78.8%、纯水通量为 1.67×10^{-3} cm/s，该结果转换成分离膜纯水渗透率约为 $1.3 L/(m^2 \cdot h \cdot bar)$[②]，相较同时期的化工高分子反渗透膜（如复合薄膜等）性能偏差。

基于酸溶法的湿法铸膜也可被用于制备壳聚糖超滤膜。Kamiński 和 Modrzejewska（1997）将壳聚糖溶解于 2% 的醋酸中，得到质量分数为 7% 的壳聚糖铸膜液；把该铸膜液以 800μm 的厚度刮涂在一平滑表面上，得到壳聚糖液膜；将液膜浸没于质量分数为 4% 的强碱凝固浴中 15min，便可获得壳聚糖分离膜；取出后，用自来水将该分离膜润洗干净。所制备壳聚糖超滤膜被用于去除水中的 8 种过渡金属离子，包括 Cr^{6+}、Mn^{2+}、Fe^{3+}、Co^{2+}、Ni^{2+}、Cu^{2+}、Zn^{2+} 和 Cd^{2+}。实验结果表明，该分离膜可有效去除所选用的 8 种过渡金属离子，其对 Cu^{2+}、Cd^{2+}、Co^{2+}、Zn^{2+}、Ni^{2+} 等离子的去除率可达到近乎 100%，而其对 Cr^{6+} 和 Mn^{2+} 的去除效果则取决于进料液的 pH 和测试条件；由于经乙酰化处理后的壳聚糖超滤膜会丧失拦截上述金属离子的分离能力，推测该壳聚糖膜去除水中金属离子的机理是壳聚糖官能团与金属离子间的螯

---

① 1psi = 6.894 76×10³ Pa。

② 1bar = 10⁵ Pa = 1dN/mm²。

合作用。

相较于酸溶法，基于碱溶法的湿法铸膜的凝固浴选择更加多样，不仅可以使用纯水而非碱溶液进行成膜，还可以选用诸如乙醇等环境友好型有机溶剂对壳聚糖成膜过程、次级结构和分离性能进行调控。Shi 等（2020）开发了一种基于碱溶法和湿法铸膜的壳聚糖分离膜绿色合成工艺，成功制备出掺杂银纳米颗粒的壳聚糖纳米复合膜，建立了将壳聚糖膜和银纳米颗粒有机结合以调控分离膜生物降解性的概念框架。在该研究中，Shi 等（2020）首先探索了生物降解对聚合物网络结构乃至壳聚糖膜渗滤性能的影响，证实了壳聚糖纳米复合膜中银的释出速率与分离膜次级结构密切相关；在此基础上，通过控制乙醇凝固浴的成膜温度，成功制备出具有不同多孔次级结构和分离性能的壳聚糖纳米复合膜；利用纳米复合膜所释出银的微生物抗性和蛋白质毒性，对壳聚糖膜的生物降解性进行调控。银的持续释出时长与其释出速率成反比，而与纳米复合膜中的含银总量正相关，因此，可在制备过程中将分离膜的使用寿命纳入考量，在兼顾膜分离性能的同时，使银释出时长与分离膜的使用寿命相符，从而获得在运行过程中具有生物降解抗性、在达到使用寿命后恢复生物降解能力的壳聚糖分离膜。

尽管人们已经认识到天然高分子分离膜的成膜条件和成膜动力学过程对分离膜次级结构的影响，但长期以来对于以调控分离膜结构为目的的天然高分子凝胶机理的解读仍不够充分。针对这一问题，Tu 等（2021）开发了基于先进光学相干断层成像（optical coherence tomography，OCT）技术的壳聚糖凝胶过程的原位表征方法，揭示了溶解在不同水溶液中的壳聚糖的凝胶动力学机理，为优化壳聚糖分离膜过滤性能提供了关键依据。在该研究中，Tu 等（2021）利用平行于载玻片–铸膜液界面的各坐标面计算面平均强度和正异常点分率（fraction of positive anomalies，FPAs），对壳聚糖凝胶动力学过程进行了量化。结果表明，壳聚糖的凝胶速率与凝胶抑制剂（gelation inhibitors，GIs）的移除密切相关，并且壳聚糖链的扩散和固化之间则存在周期性的竞争（即 Liesegang 现象）。针对溶解在碱–尿素水溶液中的壳聚糖的研究表明，由碱溶法制备的壳聚糖铸膜液的凝胶化速率可以通过改变凝固浴碱度进行更有效的调控。进一步的对比研究揭示，溶解在酸性水溶液中的壳聚糖的凝胶化可以通过中和 GIs（即质子化的氨基）来诱导，且凝胶速度相对更快。通过改变去除 GIs 的方式可以显著改变分离膜的非对称性和孔隙连通度，进而导致分离膜的不同水渗透性和对颗粒物的截留行为。基于 OCT 原位表征的壳聚糖成膜机理如图 1-9 所示。

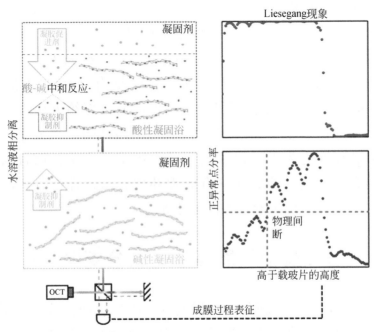

图 1-9　基于 OCT 原位表征的壳聚糖成膜机理（Tu et al.，2022）

近期，杜东宇（2021）首次报道了一种运用绿色工艺制备环境友好型壳聚糖复合薄膜的方法。在该研究中，他系统地探索了凝固浴种类（水和乙醇）与成膜温度（−80～20℃）对基于碱溶法和湿法铸膜的壳聚糖超滤膜的形貌及分离性能的影响，并通过选取适宜条件下制备的壳聚糖超滤膜为基膜，利用同属环境材料的三氯化铁盐和植物单宁酸（tannic acid，TA）在水溶液中发生配位反应以及配合物聚集体的自沉降，在壳聚糖基膜表面构筑"铁-单宁酸"（Fe-TA）选择层；结合膜分离性能测试和物化特性表征，从反应溶液的金属-配体比例、金属-配体浓度、酸碱度和沉降时间四个方面对选择层制备条件进行优化，成功制备出通量可媲美商品纳滤膜并且可有效去除水中抗生素类物质的壳聚糖复合薄膜。该研究结果表明，当采用-20℃乙醇凝固浴时，经碱溶法和湿法铸膜制备的壳聚糖超滤膜表面相对致密、机械性能显著提高，并且展现出较高的渗透通量［约40L/（m² · h）］和良好的截留性能［对1μm聚苯乙烯微球和牛血清蛋白的截留率分别为（96.0±2.0）%和（98.4±1.7）%］。选用上述壳聚糖超滤膜为基膜，当所使用的三氯化铁和单宁酸溶液的摩尔浓度分别为7.2mmol/L和2.4mmol/L，单宁酸溶液中的强碱浓度为28.8mmol/L且沉降时间为24h时，所制备的环境友好型壳聚糖复合薄膜的水通量可达12.5L/（m² · h）］，对小分子染料甲基橙的截留率约为90%，对水中多种抗生素的截留率均超过97%，展现出最佳的分离效果。该研究不但为高选择性壳聚糖分离膜的制备提供了新方法，而且通过该方法制备的壳聚糖复合薄膜还可有效弥补现有高选择性分离膜难以有效去除水中低浓度抗生素类物质的不足。

1.5 基于天然高分子的分离膜改性

由前文所述可知，膜分离可根据分离机理、操作条件和所使用的膜类型等细分为多种工艺。为了满足膜分离的工艺条件、达到预期的分离效果，不仅需要分离膜具有优异的渗透率和选择性，还需要分离膜兼备良好的化学稳定性和机械强度等多种特性。虽然通过选用适宜的膜材料和膜制备方法可以使膜分离的性能得到提升，但是仅使用单一材料往往难以获得各方面特性都相对突出的分离膜。针对这一问题，通常需要对分离膜进行改性。分离膜改性的核心目的是实现分离膜材料特性的取长补短，甚至创造出原有各材料自身本不具备的新特性。下面将从高分子材料共混、纳米材料掺杂、交联和接枝（grafting）等方面简要介绍几种常用的壳聚糖分离膜改性方法。

1.5.1 采用高分子材料共混制备含壳聚糖的分离膜

高分子材料共混是指两种或两种以上高分子混合形成一种新材料，该新材料除了综合原有各材料本身的性能外，还能克服原有各材料的不足，并产生原有各材料所不具备的新性能（朱光明和辛文利，2002）。采用高分子材料共混法一般可有效改善分离膜的亲水性、聚合物的成膜性、膜的抗污染性和物化的稳定性等；高分子材料共混法调控的主要参数包括共混组分的种类、比例和成膜方法等。Yang 等（2004）将壳聚糖与聚乙烯醇以不同比例进行共混，获得了壳聚糖-聚乙烯醇水凝胶膜。其具体方法为：将壳聚糖溶解在 1% 的稀醋酸溶液中，在室温下搅拌过夜，得到质量分数为 2.5wt.% 的壳聚糖溶液；将聚乙烯醇分散于去离子水中，加热至 80℃并搅拌 4h，得到质量分数为 10wt.% 的聚乙烯醇溶液；将上述壳聚糖和聚乙烯醇溶液按壳聚糖含量为 20wt.% ~100wt.% 的不同比例进行混合，搅拌 24h 后刮涂于培养皿中并在室温下保持 48h，接着将涂有液膜的培养皿在 60℃下加热 2h，再升温至 140℃并保持 4h；经热处理后，将该共混膜连同培养皿一起浸泡在含有 17wt.% 硫酸、浓度为 2.5wt.% 的甲醛溶液中，随后置于室温下的 12wt.% 的强碱溶液浸泡 1h，使共混膜从培养皿上脱落，最后用纯水对共混膜进行洗涤和浸泡，并将其冻干待用。尽管该共混膜中壳聚糖与聚乙烯醇之间的相容性并不理想，但是仍可以观测到所制备水凝胶共混膜的渗透性随壳聚糖含量的增加而呈线性增长。Ma 等（2008）通过溶剂蒸发致相分离法，分别以甲酸和氢氧化钠溶液为铸膜液溶剂和成膜后的清洗溶液，成功制备出"壳聚糖-尼龙-6"共混膜，随后将所制备的壳聚糖共混膜浸没在不同浓度的硝酸银溶液中使其螯合银离子，获得功能性壳聚糖膜。银离子和壳聚糖都具有微生物抗性，因此，所制备的功能性膜对以金黄色葡萄球菌和大肠杆菌为代表的革兰氏阳性菌和革兰氏阴性菌均展现出优异的抗菌作用，并且随着壳聚糖用量和银离子浓度的增高，分离膜的抗菌效果愈加明显。de

Oliveira 等（2008）则将壳聚糖和聚丙烯酸以 95 : 5 的比例共混并搅拌40min 配制成铸膜液，将该铸膜液刮涂在光滑洁净的玻璃板上，随后置于50℃的烘箱中干燥 12h，获得壳聚糖-聚丙烯酸聚电解质复合膜（polyelectrolyte complexes，PECs）。该研究的结果表明，壳聚糖-聚丙烯酸聚电解质复合膜的形成与聚丙烯酸的电离度（degree of ionization）密切相关，聚丙烯酸的掺杂显著改善了聚电解质复合膜的多项特性，使聚电解质复合膜具有更高的药物截留能力。

1.5.2 采用纳米材料掺杂改性壳聚糖分离膜

纳米材料掺杂改性是将功能性纳米材料掺入高分子分离膜中以改善或使其具备某些特性的一种方法。实现纳米材料掺杂的方式种类繁多，其中，将功能性纳米材料分散到高分子铸膜液中是最简便、最常用的一种改性方法，该方法也属于广义的共混改性。Mao 等（2019）将纳米微晶纤维素（cellulose nanocrystals）添加到基于酸溶法的壳聚糖铸膜液中，采用溶剂蒸发致相分离法制备出机械强度、抗溶胀性、耐热和防水性能都得到显著提升的纳米微晶纤维素掺杂壳聚糖膜。在该研究中，他们也比较了不同纳米微晶纤维素掺杂方式对壳聚糖膜性能的影响，两种掺杂方式可简要概括为：方法一是分别配制纳米微晶纤维素溶液和壳聚糖溶液，将两者混合、加热、搅拌、超声、脱泡后刮铸成膜；方法二是先将纳米微晶纤维素颗粒分散到配制铸膜液的去离子水中，再加入一定量的冰醋酸和壳聚糖粉末，缓慢加热搅拌 1h 至壳聚糖完全溶解，使用搅拌器高速搅拌并超声 30min，随后采用同样方法刮铸成膜。实验结果表明，方法二分散纳米微晶纤维素的效果更好，其差异主要体现在膜的机械强度方面。Khoerunnisa 等（2020）采用先分别配制各组分溶液再混合搅拌的方法 [类似 Mao 等（2019）的方法一]，将壳聚糖稀醋酸溶液、聚乙二醇水溶液和多壁碳纳米管水溶液按一定比例混合搅拌配制成铸膜液，随后将铸膜液刮涂为约 70μm厚的液膜并浸入强碱溶液中成膜，待成膜后取出分离膜清洗干燥；将干燥的分离膜在黑暗条件下浸入不同浓度的、由碘和碘化钾按摩尔浓度 1:2 配制的碘标准溶液中，经过一段时间后清洗干燥，即可得到掺杂多壁碳纳米管的碘改性壳聚糖-聚乙二醇复合膜。经测试，碘的加入可显著提升分离膜的特性和性能，随着碘含量的升高，分离膜的亲水性、孔隙率、机械强度和抗菌性能都大幅提高。Sangeetha 等（2019）则将蒙脱土溶液分散到溶有壳聚糖和聚乙二醇的醋酸溶液中 [同样类似 Mao 等（2019）的方法一]，搅拌得到均匀溶液，将该溶液脱泡后刮涂到玻璃板上，采用添加少量十二烷基硫酸钠的 N,N-二甲基甲酰胺水溶液为凝固浴在室温下湿法成膜，清洗后将分离膜保存在福尔马林水溶液中待用。该研究采用银离子原位还原法方法实现纳米颗粒在分离膜中的掺杂，即把分离膜浸入含有硝酸银和聚乙烯吡咯烷酮分散剂的硼氢化钠水溶液中，随后取出并干燥待用。与未掺杂银纳米颗粒的壳聚糖-聚乙二醇复合膜相比，负载银纳米颗粒的复合膜展现出对包括细菌和真菌在内的多种微生物的微生物抗性。近期，Shi 等（2020）采用碱溶法和湿法铸膜成功制备出掺杂了银纳米颗粒的、生物降解性可调控的壳聚糖纳米复合膜（详见 1.3.2 节），该膜同样展现出优异的抗微生物性能和蛋白质毒性。

1.5.3 采用交联改性壳聚糖分离膜

高分子在溶剂中发生体积膨胀的现象被称为溶胀。溶胀是高分子特有的一种现象，也是高分子溶解的必经阶段。由于壳聚糖属于天然高分子聚电解质并且富含亲水性的氨基和羟基官能团，壳聚糖高分子链段之间存在着大量氢键和分子间力相互作用，并且壳聚糖及其制品（如壳聚糖分离膜）在水溶液中对 pH 和离子浓度等具有较高的敏感性，极易发生溶胀。为了避免壳聚糖分离膜在使用过程中因溶胀而导致渗透性能改变，需要对壳聚糖分离膜进行交联改性。交联后的壳聚糖分离膜不仅具备抗溶胀性，其机械强度通常也会得到提升。鉴于壳聚糖高分子富含氨基官能团，常使用醛类（如戊二醛）等对其进行交联改性（图 1-10）。交联改性可分为在分离膜制备过程中添加交联剂和在成膜后对分离膜进行交联处理两种主要方式。其中，前者一般将交联剂直接添加到分离膜铸膜液中，从而实现交联改性。例如，Jana 等（2011）把壳聚糖溶解于 2wt.% 的醋酸水溶液中配制成不同浓度（1wt.% ~ 2wt.%）的壳聚糖溶液，将该壳聚糖溶液与体积分数为 0.12% 的戊二醛溶液以 1:1 的比例混合搅拌 1min，戊二醛的交联使得壳聚糖的溶解度急剧下降，亲水性增强。随后将经交联的壳聚糖溶液倾倒在陶瓷载体上 [该载体可提高膜整体机械强度，便于壳聚糖涂覆层（膜）的工业应用]，使载体上表面完全被溶液所覆盖；为了研究涂覆时间对膜性能的影响，涂覆时间设为 240 ~ 720s。涂覆结束后将膜从溶液中取出，并在 100℃ 的热风炉中干燥 6h，以完全去除壳聚糖膜中残存的水。在使用壳聚糖分离膜去除水中有毒有害的汞离子和砷离子时，可向进料液中加入一定量聚乙烯醇作为螯合剂，使水中的汞离子和砷离子与聚乙烯醇形成粒径更大的螯合物，在空间位阻机制的作用下，壳聚糖分离膜能有效拦截并去除该螯合物。当铸膜液中壳聚糖浓度为 2%、涂覆时间为 720s 时，所制备的壳聚糖膜最为致密；当进料液中汞离子和砷离子的浓度分别为 500μg/L 与 1000μg/L 时，所制备的壳聚糖分离膜对这两种离子的截留率近乎 100%。Uragami 等（1994）从交联膜的氢键角度对经醛类（如戊二醛、正丁醛等）化学改性的壳聚糖膜的结构和渗透汽化性能进行了深入的探讨。其结果表明，壳聚糖膜与戊二醛的交联反应是以席夫碱（Schiff base）键相链接的；相较于其他醛类，采用戊二醛交联的壳聚糖膜交联效果较好，并未发现因醛类链段一端未与壳聚糖氨基相连而形成的悬垂结构（pendant structure）。随着戊二醛用量的增加，经交联的壳聚糖膜的密度和结晶度会减小，而壳聚糖膜的溶胀度及其对乙醇水溶液的渗透通量和水渗透选择性等均会增大。

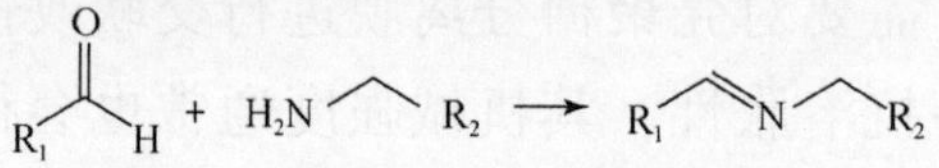

图 1-10　醛类交联壳聚糖的反应机理

与在分离膜制备过程中添加交联剂的改性方式相比，在成膜后对分离膜进行交联处理可使成膜过程免受交联改性的影响，从而保持分离膜成膜和改性的相对独立，易于实现膜次级结构和理化特性的单独调控。采用该交联方式的壳聚糖分离膜的制备方法已在 1.3 节详细介绍，在此处不予赘述，下面将结合实例，重点阐述分离膜制备后的交联改性方法。Beppu 等（2007）将通过酸溶法溶解、溶剂蒸发致相分离成膜和碱溶液洗涤等一系列制备流程所获得的壳聚糖膜浸入戊二醛溶液中进行交联，其结果表明，戊二醛的非均相交联可使壳聚糖膜产生更多疏水结构，从而干扰壳聚糖膜与水和多种离子间的相互作用，改变其力学特性、增强其机械强度。除了醛类等，还可以采用其他交联剂实现壳聚糖膜的交联。Yuan 等（2008）为了进一步提高壳聚糖膜的性能，利用硫酸软骨素（chondroitin sulfate）对由冷冻-凝胶法制备的多孔壳聚糖膜进行改性。硫酸软骨素与壳聚糖的交联是通过离子间相互作用以及 1-乙基-(3-二甲基氨基丙基) 碳二亚胺盐酸盐和 N-羟基丁二酰亚胺联合试剂的共价交联为媒介实现的。通过改变硫酸软骨素与壳聚糖的质量比，可以调控所制备硫酸软骨素-壳聚糖膜的多孔结构、机械强度和亲水性。经硫酸软骨素改性的壳聚糖膜具有内部相互连接的层状孔隙结构，表面孔径为 $10 \sim 40 \mu m$。当硫酸软骨素质量分数为 10% 时，改性膜展现出最优的机械强度（18.61N/g）。

1.5.4 采用接枝改性壳聚糖分离膜

接枝是指在高分子链段上采用自由基聚合、离子加成或开环聚合等多种方式引入极性或功能性侧基的一种改性方法。高分子分离膜的接枝可分为本体接枝改性和表面接枝改性两种。其中，本体接枝改性是指采用接枝方法对高分子材料直接改性，再用改性后的高分子制备分离膜，分离膜的内部性质随改性高分子的特性而发生改变；表面接枝改性是指在分离膜成膜后采用接枝方法对分离膜表面的高分子材料进行改性，使分离膜表面呈现出特殊性能，而分离膜的内部性质基本不发生变化。1993 年，Lee 等利用链转移接枝的方法对壳聚糖材料进行了本体接枝改性，成功制备出携带羧基、磺酸基、磷酸基、氰乙酸乙酯基或酰胺肟官能团的功能性壳聚糖高分子，随后采用经化学改性的壳聚糖高分子制备了一系列渗透汽化壳聚糖膜，探索了本体接枝改性壳聚糖膜处理乙醇水溶液的渗透汽化性能。他们的研究结果表明，本体接枝改性有助于提高壳聚糖膜的渗透汽化性能；其中，磷酸化壳聚糖制备的渗透汽化膜分离性能最佳，当进料液的温度为70℃、乙醇浓度为90wt.％时，该磷酸化壳聚糖膜对水的分离系数约为600，其通量约为0.2kg/（m²·h），该渗透通量较磺化和羧甲基化的壳聚糖膜增加了 4 倍。

等离子体接枝聚合是表面接枝改性的代表性方法之一。Singh 和 Ray（1999）利用⁶⁰Co-γ 射线辐射，在甲醇水溶液体系中将甲基丙烯酸二羟乙酯接枝共聚在由溶剂蒸发致相分离法制备的壳聚糖膜上，研究了改性壳聚糖膜对典型化合物葡萄糖的控制释出效果。他们发现，葡萄糖的释出特性与壳聚糖膜的接枝度有关，并且葡萄糖通过接枝改性壳聚糖膜的渗透系数在 $10^{-7} \sim 10^{-6} cm^2/s$ 的量级。该研究证明，通过改变接枝条件、膜厚度和介质的 pH，可以调控葡萄糖的释出速率，而机械强度等膜的其他特性则不会因此发生改变。

1.6　挑战与展望

本章分别从材料自身特性和膜制备方法等角度对壳聚糖分离膜的相关研究进行了系统介绍。由上述内容可知，壳聚糖凭借其良好的亲水、吸附和抗菌特性，已被广泛用于以渗透汽化和水力压力驱动为代表的多种膜分离过程中（包括微滤、超滤、纳滤和反渗透等），能有效地去除水中的微生物、颗粒物、难降解有机物（如染料和抗生素等）、重金属和各价态离子等。不仅如此，目前已有研究尝试将基于壳聚糖材料的分离膜用于正渗透等新兴膜过程，以实现制药废水和乳业废水的浓缩或分馏。除了在水处理方面的应用外，壳聚糖膜还在选择性吸附、气体分离、药品制备、创伤修复和能源电池等领域表现出众。在可持续发展的时代背景下，以壳聚糖为代表的天然高分子材料在水处理膜的制备和应用领域展现出显著优势与光明前景，然而与此同时，环境友好型天然高分子分离膜的发展也存在着许多挑战。

如何提高以壳聚糖膜为代表的环境友好型天然高分子膜的分离效率，不仅是膜领域研究的重点内容之一，也是天然高分子膜工业应用的前提。对此，需在积极开发新材料（如天然高分子材料和功能性纳米颗粒的混合材料）的基础上，努力探索分离膜制备的新方法，在确保分离膜制备工艺绿色无污染的前提下，结合材料本身特性与制备方法原理，实现对成膜过程、膜次级结构和分离性能的调控，从而提高天然高分子膜的分离效率。

如何调控天然高分子分离膜的稳定性和生物降解性，使其在使用过程中免受由不可控的生物降解而引起的膜分离性能的改变，并在达到使用寿命后可被自然降解，也是此类"绿色分离膜"研究的核心问题之一，更是其稳定运行的前提。虽然已有少量研究初步探讨了采用绿色交联（如紫外光照射等）方法改变天然高分子分离膜的稳定性和生物降解性，或将功能性纳米材料（如银、铜纳米颗粒等）引入天然高分子分离膜中以增强其抗菌和抗污染性能，但是此方面的研究仍处于起步阶段，尚有许多亟待解答的关键问题。此外，还需要对天然高分子分离膜的全生命周期进行系统的评估，以便为天然高分子分离膜的原料选取、生产制备、日常使用和废弃处理提供指导与依据。

天然高分子分离膜的膜污染行为及其控制方法，也是天然高分子分离膜研究的重要组成部分。膜污染是膜分离过程中难以避免的棘手问题，它会大幅降低膜的分离效率并影响膜寿命和处理效果。天然高分子的材料特性和新型膜制备方法可能导致天然高分子膜与传统化工高分子膜的膜污染行为及其影响因素差异显著，需要对其进行深入研究，从而揭示天然高分子膜污染的内在机理，并探索潜在的污染控制方法。

在此基础上，还需要对天然高分子分离膜的潜在应用场景进行针对性测试，并将其与现有的传统化工高分子膜的处理效果进行比较，探讨天然高分子膜在该应用场景替代化工高分子膜的可能性与利弊所在，反馈膜材料选取和分离膜制备。同时，还可以根据天然高分子分离膜的材料特性和分离性能设计新的应用场景。

第2章 基于废弃生物质的碳基电化学材料

2.1 引　言

随着人类对能源需求的快速增加和环境恶化日益严重，人们迫切需要可持续发展的能源和物质转化策略及相关的设备与材料。利用清洁可再生能源（如太阳能、风能、水能）产生的电能，将自然界中广泛存在的小分子（如水、二氧化碳、氧气、氮气）通过电化学过程转化为氢气、氨、有机物等物质，并以此作为能源、肥料和初级化工产品，或者通过电化学将自然环境中污染物（如水体有机污染物）转化为环境友好成分，是一条前景广阔的可持续发展能源和物质转化策略（Seh et al.，2017；Shang et al.，2021）。电催化剂是上述策略的核心材料，也是近年来研究的热点和难点。从材料组分划分，目前开发的电催化剂主要可分为金属材料、金属化合物材料、碳基材料。在推广以电催化为核心的可持续能源与物质转化策略过程中，大规模低成本获取高活性电催化剂是重中之重，其中碳基电催化剂，由于具有优良导电性、高比表面积、高质量活性和高稳定性，以及适合大规模制备等优良性质，而被广泛关注（Zhang et al.，2015；Wang et al.，2020；Wang J et al.，2021）。

在环境污染和能源危机日益严重的大背景下，将难以处理的大规模废弃生物质，如农业废弃物和生物污泥，制备成碳基材料，用于清洁能源器件和环境净化设备，实现"变废为宝"和"以废治污"，是建设可持续发展社会的必要途径。

农业废弃物是农业生产活动和加工过程中产生的废弃有机物质，包括农作物秸秆、植物叶、果实壳衣和腐烂农产品等。《第二次全国污染源普查公报》公布的数据显示，2017 年全国秸秆产生量为 8.05 亿 t，秸秆可收集资源量为 6.74 亿 t。农业废弃物的主要成分为纤维素、半纤维素和木质素（Liu et al., 2016），包含 C、O、N、S 等主要元素和少量 Fe、Zn 等金属元素（Bicu and Mustata, 2011；Li et al., 2018）。农业废弃物中蕴含植物生长过程中所施加的氮、磷等肥料和固定的二氧化碳，直接废弃堆积或者就地焚烧，不但浪费资源而且污染环境，增加碳排放。

生物污泥是污水生化处理后形成的泥状废弃生物质，其中含有大量的污水处理生化细菌，丰富的有机物、氮、磷等营养物和氧化硅铝等无机物，以及锌、铜、镍、铅和铬等重金属成分。生物污泥具有产量巨大，成分复杂，难以资源化利用的特点，传统填埋和焚烧等生物质污泥的处理方法容易造成二次环境污染，影响水体、土壤和空气环境质量，因此传统生物污泥处理方法往往难以满足日益严格的污泥处理和处置标准（Zhou et al., 2015；Świerczek et al., 2018；Zhu et al., 2019）。

近年来，碳基电极材料在清洁能源和环境治理方面显现出巨大的应用潜力。碳基电极材料在电化学过程中主要有两种用途：一是作为电化学过程主体材料，通过对碳材料微观结构进行调控，使其表现出良好的电化学活性（Lv et al., 2016）；二是作为复合材料的载体或导电剂，与其他材料进行复合杂化使用，以发挥各种材料的优势，改善复合材料电导率、提高比表面积等（Matsagar et al., 2021）。目前碳基材料在锂电池电极、燃料电池氧还原电极、污水处理电极方面的研究已经取得了令人振奋的进展，为生物污泥和农业废弃物等碳基有机物提供了一条具有广阔应用前景的资源化利用途径。

基于农业废弃物和生物污泥的组成特点，结合能源转化和存储过程中对碳材料的需求，将生物污泥和农业废弃物制备成电极材料，既能够解决污泥和废弃物的环境污染，又可以为大批量生产电极材料提供原料,实现"变废为宝"和"以废治污"(Li Y et al., 2017)。

本章首先介绍农业废弃物和生物污泥衍生碳材料制备方法及改性方向,随后总结农业废弃物和生物污泥衍生碳在环境治理方面的应用,最后展望农业废弃物和生物污泥衍生碳在电化学环境治理领域的发展前景。

2.2 废弃生物质衍生碳材料制备及改性

2.2.1 农业废弃物衍生碳材料制备

农业废弃物作为重要的生物质资源,是指在农业生产与加工过程中产生的副产品,包括秸秆、树皮、果壳、蔗渣等,具有来源丰富、可再生、可降解等优点(徐泽龙和陆荣荣,2010)。农业废弃物的主要成分是纤维素、半纤维素和木质素,是自然界中分布最广的多糖,其所含碳元素在植物王国中占50%以上,其结构如图2-1所示。纤维素是由葡萄糖重复单元组成的高分子,主要以束的形式存在于植物细胞壁。纤维素并不是以单一的分子链形式存在,它由多个分子链通过范德华力和氢键相互作用,具有优良的机械性能(Couch et al., 2016)。由于 OH 和 H 连着的碳原子两端环不一样,不同的纤维素表现出不同属性。半纤维素广泛存在于植物中,如针叶林、阔叶林和禾本科草。半纤维素由短链杂多糖构成,有无定形支链状结构,分支结构官能团为乙酰基组,所以具有亲水性,聚合度也较低,会导致溶胀,使细胞壁具有弹性。因为半纤维素易溶于碱溶液,可以通过碱处理用不同的方法从植物生物量中提取。木质素在植物体内起着不可缺少的作用,能保证产品的刚性和不易腐坏性(Ratanasumarn and Chitprasert, 2020)。木质素是一种多环聚合物有机物质,含有许多带负电荷的基团,并且对高价金属离子有强的亲和性,其分子结构含有丰富的活性官能团,如羟基(酚羟基、醇羟基)、羧基、羰基、甲氧基、芳香族等（Yin et al.，2021）。在相对较高的温度下，这三种成分快速分解，并释放出挥发物，如 CO、CO_2、H_2、CH_4、H_2O 等，造就了丰富的孔穴结构；其高温裂解大致可分为五个阶段：①小于 220℃，水分挥发；②220～315℃，以半纤维素的分解为主；③315～400℃，纤维素分解；④>400℃，木质素分解；⑤500～800℃，形成稠环结构（Yang et al.，2006；Chen D et al.，2022）。

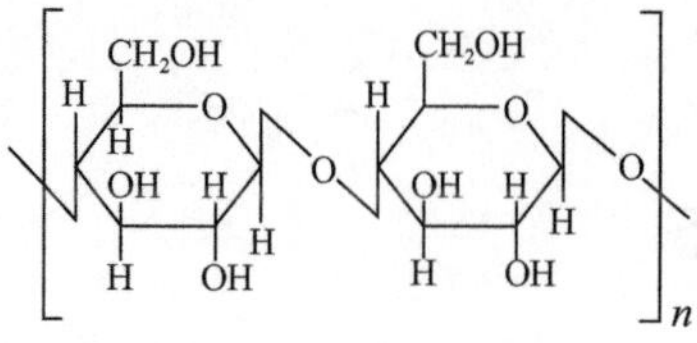

(a)纤维素

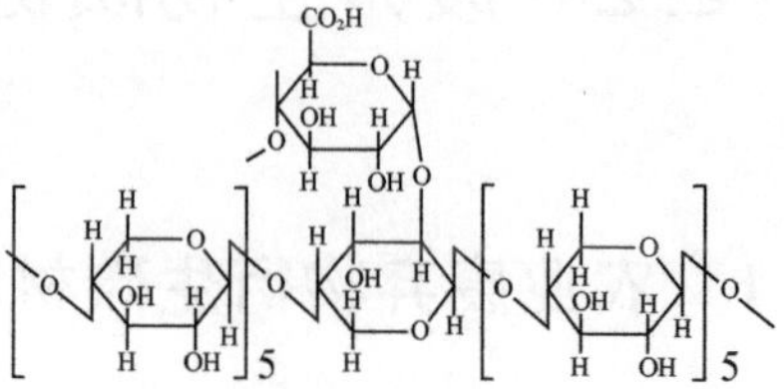

(b)半纤维素

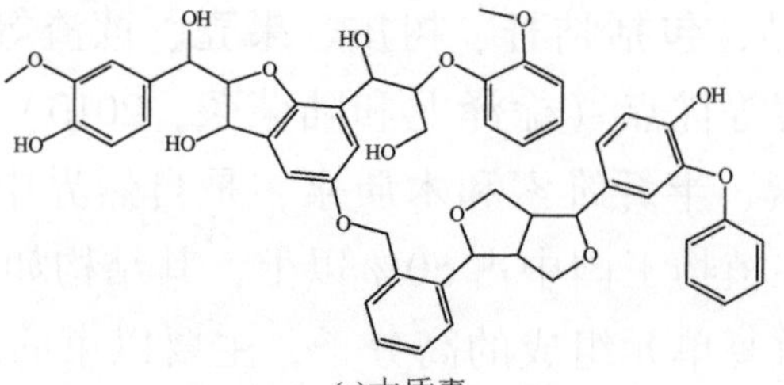

(c)木质素

图 2-1　农业废弃物主要组分结构（Zhang et al.，2022）

利用农业废弃物原料制备衍生碳材料，既可以减少对环境的污染，也可以实现废弃物资源的高值化利用，是贯彻“变废为宝”的可持续发展理念（李文军等，2020）。衍生碳材料的制备主要是碳化过程，即将农业废弃物原材料在隔绝空气或惰性气体氛围的条件下加热到一定程度，使原料分解为气体、液体和固体产物的过程（赵力剑等，2018）。碳化方法将直接决定衍生碳材料的化学和物理性质，如形态、比表面积、孔隙率、官能团和石墨化程度等（Wang X et al.，2021）。

农业废弃物碳化的方法主要有高温碳化法、水热碳化法以及微波碳化法等。

（1）高温碳化法：高温碳化法是将农业废弃物原料直接在保护气氛下加热分解得到碳材料的方法，具有易操作、低成本的优点，但是该方法制备的碳材料通常具有较低的比表面积和较差的多孔结构，影响其电化学应用。

（2）水热碳化法：水热碳化法是指将农业废弃物原料放入充满水或溶剂的密封体系中，通过加热（150~350℃）加压的方法使其碳化（Xu et al.，2022）。因此，可以利用农业废弃物作为潜在的原料来制备衍生碳材料。该方法耗能较低，制备的碳材料具有丰富的含氧官能团，同时减少了对空气的污染，但是由于挥发性物质的有限释放，衍生碳材料通常存在比表面积较低、孔隙率较小的问题，还需进行进一步的活化和石墨化处理，常作为预碳化法（Jain et al.，2016）。作为水热碳化的改进，离子热碳化、离子液体碳化等方式受到关注，其具有稳定能力好、抑制溶剂挥发性好、热稳定性好的优点。

（3）微波碳化法：微波碳化法是将农业废弃物原料或前驱体用微波加热进行碳化，其机理是将电磁能以热能的形式传递给材料。微波加热法能够极大减少操作时间，具有升温快、易控制以及避免局部过热等特点。Zheng 等（2019）以油茶渣为原料，通过微波辅助活化方法，从生物质废弃物中制造出具有纳米片形态且具有丰富的氧官能团的介孔碳。然而，微波碳化过程中的温度很难控制，安全性问题限制了其大规模实际应用。

2.2.2 生物污泥衍生碳材料制备

以生物污泥为原材料制备生物污泥衍生碳材料，并用作高附加值的电化学材料，原料成本低，容易接入现有处理程序，操作过程简单，是生物污泥资源化利用的新兴路线。将脱水干燥的生物污泥，直接高温碳化，根据污泥特点和需求，优化碳化工艺，或在碳化后进行改性，是目前基于生物污泥制备衍生碳，获得高效电化学材料的主要过程

（吕丰锦和刘俊新，2016）。生物质污泥中丰富的有机物和过渡金属（特别是 Fe、Mn、Co 等元素），在高温碳化的过程中各种成分相互作用，进一步提高了生物污泥衍生碳作为电化学材料的性能（Ding and Jiang, 2013；Huang et al., 2017）。

　　生物污泥衍生碳材料制备过程主要包括生物质污泥的选择、预处理和热解碳化等。生物质污泥的成分复杂，在不同生产生活地区所获得生物质污泥成分会有较大差别，对生物污泥衍生碳材料的组成和表面结构等有重要影响，在热解过程中污泥本身各组分的协同作用也会对生物污泥衍生碳材料的性能产生很大影响，因此，需要根据实验安排选取有利于应用的生物质污泥材料。对生物污泥的预处理主要是进行脱水，可采用的方法包括机械脱水（只能脱去自由水）、高温脱水（便于控制、高干燥）、电脱水（电场作用、阴极脱水）、生物干燥（生物活动的热量和气流速度共同作用蒸发水分）以及组合脱水（结合多种方法、脱水完全）等方法（Sha et al., 2019；Xiao et al., 2019）。热解碳化是决定生物污泥衍生碳材料性能的关键因素，主要包括直接碳化法、水热碳化法和微波辅助热解碳化法。直接碳化法是在高温无氧条件下（惰性气体保护下），生物质污泥高温裂解（400～1100℃）并碳化成生物质衍生碳材料，该方法易操作控制，有利于碳材料孔道的形成。水热碳化法通常以水为溶剂，设置较低的温度，在高压反应釜中完成碳化反应，被认为是一种节能方法（可容纳高含水量的原料，反应温度在 180～220℃），但是制备的碳材料比表面积较低，导电性能差，需进一步石墨化处理。微波辅助热解碳化法是采用微波辐射从材料的内部核心向表面形成热量，将生物污泥碳化的反应，微波热解具有处理时间短、能耗低、传热有效、选择性加热等优点，受到了人们的广泛关注（Huang et al., 2018；Zaker et al., 2019；Huang et al., 2021）。通常，在热解碳化的过程中对其碳化温度、碳化时间、气体氛围等因素进行调整，以获得高性能的生物质衍生碳材料。

2.2.3 农业废弃物和生物污泥衍生碳材料改性

为改善农业废弃物和生物污泥衍生碳的性质，处理过程中常常结合活化程序。活化是指农业废弃物和生物污泥原料或衍生碳与活化剂之间发生的反应。活化过程有助于改善碳材料的比表面积和孔隙结构，提升其电化学性能。活化法通常分为物理活化法、化学活化法和自活化法。

（1）物理活化法：物理活化法又称气体活化，是指在农业废弃物原料高温（800~950℃）加热过程中通入 CO_2、O_2、水蒸气等气体作为活化剂制备碳材料的方法（Kambo and Dutta，2015）。水蒸气活化是一种经济环保的活化方式，Qu 等（2015）研究了水蒸气活化时间和蒸汽流量对玉米芯残渣衍生碳材料在结构方面的影响，发现随着活化时间和蒸汽流量的增加，碳材料中介孔数量明显增加。CO_2 是最常用的物理活化剂，它可以控制碳材料在高温下的气化。与水蒸气活化制备的生物质衍生碳材料相比，CO_2 活化制备的样品具有更高的比表面积和孔体积（Nabais et al.，2008）。物理活化法制备碳材料具有生产工艺简单、环境友好的优点，但该方法活化温度较高、活化时间长、耗能高且所制得的碳材料孔隙率较低。

（2）化学活化法：化学活化法是指将农业废弃物原料与化学活化剂混合，在一定温度下进行反应制得衍生碳材料的方法（高原，2017）。原材料通过与化学活化剂发生脱水、交联或缩聚等反应，使原材料中部分碳原子脱出，同时生成的 CO_2、O_2 和 H_2O 等气体分子释放，从而形成大量不同大小的孔隙。根据活化步骤可分为一步活化（即同时碳化和活化）和两步活化（先碳化后活化）。与物理活化法相比，化学活化法制备的碳材料具有较高的孔隙率和比表面积，还能够降低活化温度（Jiang et al.，2017）。目前常见的化学活化剂可分为酸（H_3PO_4）、碱（KOH）、盐（$ZnCl_2$ 和 K_2CO_3）三类。H_3PO_4 是最常用的酸类活化剂，其活化造孔机理主要是使材料发生水解、脱水、芳构化、交联及成孔，能将微孔和含有磷的官能团带入到碳材料中（Solum et al.，1995）。Hulicova-Jurcakova 等（2009）通过对果核进行 H_3PO_4 活化，合成了富含磷的多孔碳材料，该碳材料在宽的电化学电压窗口表现出良好的电极稳定性。碱类活化剂最具代表性的为 KOH，其活化机理与几种钾盐的还原、碳的氧化及其他中间体的反应相关。当温度在 700℃ 以下时，KOH 发生脱水反应，水分子与碳元素发生反应，生成 CO 和 CO_2，形成大量孔隙。随着温度继续升高，钾的化合物被还原为钾蒸气，钾蒸气进一步插入到碳材料中，所制备的碳材料具有比表面积较高、孔隙结构方便控制等优点（Senthil and Lee，2021）。Selva 等（2018）以干果壳为原料，KOH 为活化剂，直接活化碳化制备了多孔碳材料。与未经活化的碳材料相比，经 KOH 活化后的碳材料比表面积提高 $462m^2/g$。$ZnCl_2$ 活化剂是最早被应用的活化剂之一，该方法能够从稻壳、椰子壳和蔗渣等各种农业废弃物中制备得到碳材料（杜英侠等，2022）。Hong 等（2019）使用 $ZnCl_2$ 为活化剂，一步制备了比表面积高达 $1475m^2/g$ 的多孔活性炭材料，并且拥有较高的含氧官能团，在汞的脱除上发挥重大作用。氨气活化由于能够刻蚀碳表面获得高比表面积，同时在碳结构中引入氨基自由基和掺杂氮原子，获得具有高活性的催化位点或作为锚定位点结合金属原子，得到高活性的催化剂，近年来颇受关注。化学活性法制备的碳材料需要大量有害的活化剂及清洗剂，容易造成环境污染（Lu and Zhao，2017），为了实现经济高效和环保发展，仍然需要简单的工艺制得高比表面积的生物质衍生碳材料。

（3）自活化法：自活化法是一种利用生物质中固有的无机盐进行一步碳化或在不添加活化剂的情况下进行生物质热解的方法，由热解过程中利用前驱体自身所释放的氧化性气体进行物理活化，或其自身具有可充当活化剂的无机物质进行化学活化。Zhang 等（2017）以芹菜茎为原料，通过一步碳化制备了具有高比表面积（$2194m^2/g$）的衍生活性炭，无需任何额外的活化过程。

为了进一步提高农业废弃物和生物污泥衍生碳材料的物理化学与

催化性质，可采取合适的方法进行改性，其改性的方法主要包括非金属/金属元素的掺杂和模板法形貌控制。掺杂改性方法包括酸处理、添加有机质、负载金属纳米颗粒等方法，可以增加碳表面功能性官能团，以及参与反应的活性位点。Matsagar 等（2021）近期的综述总结了多种生物质衍生氮掺杂碳材料在电催化和储能领域的应用。Park 等（2022）综述了杂原子、过渡金属、聚合物等与生物质衍生碳复合所制备的电极材料结构特征和电化学应用，并讨论了上述改性对电化学过程的影响。对于生物污泥，除了生物污泥本身含有的非金属元素，还可根据应用要求添加某些非金属元素，非金属元素的掺杂包括 N、P、S、O 等，可与 C 形成共价键，增大表面活性，提高电解液间的润湿性，从而增加导电性。Pei 等（2021）使用尿素掺杂污泥衍生生物炭，用作过氧二硫酸盐（PDS）活化的非均相催化剂，掺杂的杂原子（尤其是 N）可以改变碳基质的电子分布，并增加潜在的催化位点，以提高生物炭的活化性能。而金属元素的掺杂有利于提高碳材料的电催化性能，特别是某些过渡金属元素（Fe、Co、Ni、Cu 等）的掺杂，可以显著提高材料的电催化性能和催化活性。采用模板法调控生物污泥衍生碳材料的形貌和活性位点的研究还较少，主要是选用特殊孔隙结构的材料作为模板，将生物污泥导入模板孔隙中，在空间限域的作用下定向调控反应过程，高温碳化，制得尺寸、形貌可控的生物污泥衍生碳材料。例如，Yuan 和 Dai（2015）以污泥的特殊组分 SiO_2、过渡金属和有机物为内建模板，通过直接热解法制备出高比表面积、导电性能高的独特杂原子掺杂多孔碳，应用于超级电容器。Castro-León 等（2020）以采矿、钢铁和石化行业的废弃污泥为原料，通过热处理和活化过程合成了金属基催化剂，在一氧化碳化学吸附和热催化原油裂解反应中表现出与商业催化剂相当的活性。Yuan 和 Dai（2016a）在 NH_3 气氛下对生物质污泥进行简单的一步热解，制备出由 N、Fe 和 S 多掺杂纳米多孔碳高效稳定双功能电催化剂，具有优异的氧还原和析氧电催化性能。Ye 等（2019）以广州某市政污水处理厂二沉池的污泥为前驱体，通过苯酚驯化处理碳化得到自模板、自活化及自掺杂的多孔类石墨烯碳电催化材料，具有优异、稳定的电催化性能。由此说明，以生物质污泥作为原材料制备出的高效生物质衍生碳电化学材料，可应用于某些电化学领域，在降低成本的同时能有效消除污染物，满足可持续的物质转化和环境污染治理需求，前景可观。

2.3 农业废弃物和生物污泥衍生碳材料电化学应用

2.3.1 农业废弃物和生物污泥电催化剂在清洁能源领域应用

燃料电池、可充电金属–空气电池、水电解被认为是 21 世纪人类最具发展潜力的可再生能源技术。开发可用于大规模电化学装置的高效、低成本的电催化剂对于实现这一愿景至关重要，其中碳材料的开发研究对电催化领域有着极其重要的推动作用。目前工业使用的碳材料通常产自化石行业，这些材料的开采、生产和使用均存在环境风险，作为唯一可持续的碳材料，生物质碳的开发利用存在极大的工业潜力。如图 2-2 所示，将成本低廉的农业废弃物和生物污泥转化为具有高附加值的电催化材料无疑是"变废为宝"。

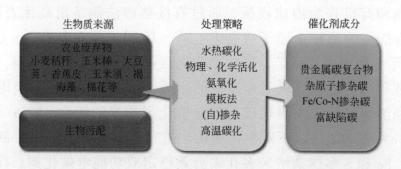

图 2-2 农业废弃物和生物污泥衍生碳材料用于电催化领域的处理策略及碳结构

如何更有效地调控生物质碳材料的形貌、结构对电催化性能的影响至关重要。例如，丰富的纳米孔穴结构可以促进分子和离子的扩散，从而提升催化性能。除了利用生物质本身特有的生物结构外，添加活化剂/造孔剂，如 KOH、$ZnCl_2$、K_2CO_3，以及水蒸气、氨气活化等也是常用的改性手段。通过与金属元素、非金属元素复合是进一步提升碳基材料催化性能的常用策略。

Rana 等（2017）使用高蛋白质含量（50%）的大豆块，通过包括预碳化、活化（NaOH）和高温（1000℃）处理的三步工艺，在未添加 N 助剂的情况下获得高 N 含量（5.3%，摩尔比）的多孔碳。结果表明，所获得的材料具有多功能潜力，可作为氧还原（$E_{1/2}$ = 0.211V 对标准氢电位）、超级电容器和 CO_2 捕获的有前景的平台。Zhou 等（2016）通过预碳化、NaOH 活化、高温石墨化和氮掺杂三步骤，将大豆荚壳成功转化为比表面积高达 $1152m^2/g$ 的多孔氮掺杂（N：5.73%，摩尔比）碳材料。在氧还原催化性能测试中，这种材料在 10 000s 计时电流测量后，在碱性和酸性条件下（92%和81%）都表现出良好的耐久性，远优于 Pt/C（84%和70%）。

Song 等（2014）通过在 800～1110℃ 的不同温度下直接热解，从褐海藻（裙带菜）中提取了 N、S 掺杂碳。原料中的无机成分在热解后被酸去除，形成气孔。值得注意的是，随着热解温度从 800℃ 升高到 1000℃，表面积会增加，石墨化导致导电率不断提高，但总氮含量从 5.2%（800℃）下降到 1.8%（1100℃）。在碱性条件下（0.1mol/L KOH），该碳材料呈现出了与商用贵金属催化剂（Pt/C）相接近的电催化性能。

玉米是全国各地广泛栽培的农作物，我国玉米种植面积为2350 万 hm^2，玉米产量居世界第 2 位，估计玉米须的产量可达 750 万 t 以上，作为玉米废弃物的玉米须，资源十分丰富，进行工业化开发利用前景相当可观。Jiao 等（未发表）将玉米须衍生材料分别在 1mol/L KOH 溶液中氮气饱和与氧气饱和进行循环伏安测试（图 2-3）。与氮气饱和条件相比，在氧气饱和条件下，采集的循环伏安测试曲线有还原峰的出现，证明在氧气氛围下，发生了氧还原反应，说明玉米须衍生的催化剂具有氧化还原能力。将玉米须衍生催化剂与商业化氧还原催化剂（铂碳催化剂）在氧气饱和的条件下进行线性伏安测试（图2-3），玉米须衍生的催化剂展现了更高的起始电位，更大的极限电流密度和更高的半波电位，说明制备的玉米须衍生催化剂比铂碳催化剂在碱性条件下更具有催化氧还原反应的优势，有更多的催化活性位点。

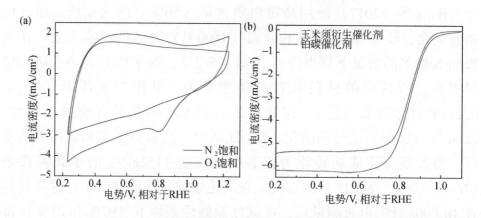

图2-3　（a）玉米须衍生材料在1mol/L KOH 溶液中氮气饱和与氧气饱和的循环伏安图；
（b）玉米须衍生催化剂与铂碳催化剂在1mol/L KOH 氧气饱和的条件下的线性伏安曲线

Yuan 和 Dai（2016b）在800℃下热解污泥，并用 HF 和 HCl 各酸洗以去除杂质，获得了多组分掺杂的碳材料，其中生物污泥富含的有机物作为碳源和 N-S 掺杂源，而无机物则可以作为模板支撑碳骨架以及铁掺杂来源。以此得到的多组分掺杂的碳材料拥有高达 $390.14m^2/g$ 和 $0.69cm^3/g$ 的比表面积和孔隙体积，并表现出了良好的氧还原电催化性能。Yuan 等（2013）将污泥衍生碳用于微生物燃料电池，900℃处理得到的碳比表面积为 $44m^2/g$，小孔平均直径为 0.8nm，中孔平均直径为 8.6nm，其最高功率密度达（500±17）mW/m^2。

2.3.2　农业废弃物和生物污泥电极材料在水处理中的应用

在近些年的研究中，电化学高级氧化工艺（electrochemical advanced

oxidation processes，EAOP）被认为是一种通用、高效、经济、易于自动化和清洁的新兴水处理技术。电化学高级氧化工艺主要涉及阳极氧化和电芬顿阴极氧化技术，阳极氧化包括直接氧化（污染物直接在阳极表面发生氧化反应进而去除）和间接氧化（阳极表面产生强氧化性的中间产物，进而进一步去除有机污染物），一般在降解过程中直接氧化和间接氧化会同时产生，而阴极氧化主要包括还原产生过氧化氢（在合适电位下，将氧气还原为具有氧化活性的过氧化氢，用来氧化降解污染物）和还原铁离子（阴极还原 Fe^{3+} 变成 Fe^{2+}，在过氧化氢存在而引起的类芬顿反应的作用下，催化产生羟基自由基进而氧化降解有机污染物，并将 Fe^{2+} 变成 Fe^{3+}，如此反复），在阴极氧化降解污染物的过程中，溶液的 pH 对降解影响较大。综合来说，通过电化学反应氧化产生强氧化自由基进而氧化降解目标污染物，其技术降解效果高，安装简单，具有扩大规模用于大型应用的潜力。

电化学处理污水效果与污水的物化性质、电极材料和电化学程序密切相关。EAOP 产生的 $^*OH$，能够高效降解有机污染物，尤其是芳香、成环和配位不饱和的物种，这是由于上述物质与 $^*OH$ 反应时具有高反应常数。高浓度污染物对 EAOP 是有利的，因为高浓度的有机物避免了电化学过程中常常面临的传质限制。污水中高浓度的盐和有机物本身可以充当电化学反应的电解质、催化剂和反应物种（Garcia-Rodriguez et al.，2022）。因此，电化学方法适合小规模处理高浓度难降解污水。

电催化剂是电化学高级氧化技术的关键材料，金属电极、金属氧化电极、金刚石电极、碳电极等是有机物降解的常用电极。其中，碳材料的比表面积大、导电性好、价格便宜，是一种良好的电极材料（Tang et al.，2019）。特别是使用富含碳原子和杂原子（N、P、S 等）的可再生废弃生物质，通过热解制备比表面积大、孔径可调且元素含量、种类可控和导电性及物化性质稳定性高的活性生物质碳材料，功能匹配适用于电化学氧化阳极电极和阴极电极，从根本上降低成本，广泛应用于水体污染物的降解消除。此外，还可将热解得到的生物质碳材料作为基体，复合其他金属（非金属）或金属（非金属）氧化物，充分利用生物质碳的孔结构和比表面积，极大提高材料的电催化降解水体污染物的能力。

生物质碳作为阳极电催化剂，可充分利用生物质衍生碳的性质，但将生物质碳直接用作阳极材料氧化降解污染物的研究报道较少，目前主要是采用电化学氧化技术制备微生物燃料电池，在降解水污染物的同时获得电能。例如，Li M 等（2020）通过简单煅烧碳化的方式将杏仁壳作为新型生物质前驱物来制备多孔碳材料，用于微生物燃料电池的阳极材料，在电解室中发生电化学反应降解废水中的有机物。

生物质碳因其良好的导电性和耐化学性适用于作为阴极电催化剂，主要是在电芬顿的基础上，更要有利于产生羟基自由基降解有机污染物。例如，Hu 等（2020）以黑豆为原料制备出 N、O 自掺杂生物质多孔碳用作电催化降解阴极材料，丰富的孔结构有利于溶解氧的扩散，可以有效提高电芬顿降解氯霉素的活性和稳定性，氯霉素在 80min 内的去除率可达到 100%。Zhou 等（2019）以茶叶为生物质碳原料通过简单 KOH 预处理和高温煅烧法，利用自组装的特性，制备出三维结构的茶叶多孔碳（TPC），具有大比表面积（$1620.05m^2/g$）、孔径均匀、含氧量高（15.51%）等特点，在适宜的降解条件下，TPC-800-2 对苯酚的降解效率在 2h 内可达到 95.41%，3h 内 COD 去除率可达到 90.0%，并且在使用 20 次后依旧具有较高稳定性。生物污泥是一种环境污染物，对其处理和利用是目前研究的重点之一，以废弃生物污泥作为原料，制备生物污泥衍生碳材料作为消除水体污染物的电极材料，实现"以废治污"，是一种值得大力发展的污染物处理技术。生物污泥衍生碳材料具有良好的导电性和吸附能力，充分利用电能降解吸附在材料表面的有机污染物。生物污泥经过高温碳化与本身含有的无机物和金属元素反应形成的氧化物可增强催化剂活性和催化能力，并且生物炭结构中的氧官能团（—C=O、—OH、—COOH 等）可以作为电子穿梭体调节生物炭的电子转移反应和氧化还原性能，进一步用于高效的电化学降解水体污染物（Liang et al., 2009）。

　　生物污泥衍生碳材料作为阳极电催化剂降解水体污染物的研究报道还比较少，是目前研究的重点之一。例如，Li M 等（2020）制备了一种微生物燃料电池（MFC），从城市污泥中提取生物质污泥碳（SC）制备成低成本和高性能的生物阳极，表现出较大的电化学活性表面积、较强的导电性和良好的生物相容性，且功率损耗更低（5.4%），对 SC 改性形成致密的生物膜和变形菌的辅助，实现了高废水处理率和稳定的功率输出。

　　当生物污泥衍生碳材料作为阴极电催化剂时，主要在电芬顿方面降解水体污染物。例如，Nguyen 等使用饮用水处理污泥的电芬顿工艺（electro-Fenton process，EFP）生成复合 Fe^{2+}/Fe^{3+} 阴极催化剂，进一步用于印染废水的降解去除。刘米安（2020）利用污泥浸渍前体单步热解法制备了新型 $TiO_2/Fe/Fe_3C$ 生物炭复合材料，部分 Fe 和 Fe_3C 碳层的协同作用作为催化活性中心，其最佳催化剂通过 H_2O_2 活化生成·OH 对 MB 具有良好的催化降解作用，同时进行的吸附和氧化反应对 MB 的去除量最大为 376.9mg/L。

　　Zhang 等（未发表）利用畜牧场生物处理产生的生物污泥作为原材料，制备了高效的衍生碳催化剂。首先，将生物质污泥在 110℃ 的温度下高温脱水 24h，去除生物污泥中水分。其次，将适量干燥的生物污泥放到管式炉中，在惰性气体下直接高温碳化成生物污泥衍生碳材料。通过改变煅烧温度和时间调整可优化生物污泥衍生碳材料的碳化程度以及材料的物理化学性能。所制备的衍生碳基材料中，碳主要来自生化细菌和有机物，因此是氮掺杂碳材料；氮掺杂的石墨化碳层覆盖在纳微尺度的氧化铝、氧化硅等无机组分表面；无机组分提高了污泥衍生碳的分散性和亲水性。将所制备的生物污泥衍生碳材料，通过简单涂覆，制备了生物污泥衍生碳-钛网电极，用于电化学污水有机物降解，如图 2-4（a）所示。利用电催化阳极氧化的原理降解有机污染物甲基橙（MO）和四环素（TC），负载 1.2g 催化材料的电极，在低于 2V 的施加电压下，8h 内降解效果可以达到 90% 左右，具有高效的水体污染物降解能力，降解效果如图 2-4（b）所示，实现"以废治污"。

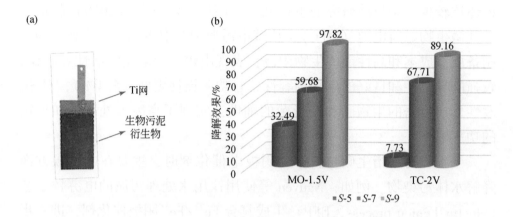

图 2-4 （a）生物污泥衍生碳电极；（b）负载电催化剂的电极
降解甲基橙和四环素的效果柱状图

综上所述，基于生物污泥衍生碳材料的电化学技术在水体污染物降解方面取得了一定进展，并为流程工业中的许多环境问题提供了一种替代解决方案，发展前景巨大。

2.4 挑战与展望

将废弃生物质作为衍生碳材料进行利用，制备电化学材料，既减少了对环境的污染，也实现了废弃物的高值化利用。近年来基于农业废弃物和生化污泥衍生碳材料的制备及其在电化学领域的应用已经取得长足进展，尽管如此，其在基础科学和实际应用层面仍需深入研究。

在基础科学层面，目前研究多集中于衍生碳材料的制备工艺和性能表现，对于电催化机制、污染物降解机制研究尚缺乏深入理解。衍生碳电化学应用中包含表面吸附、传质、反应等一系列过程，涉及电化学、表面科学、材料科学与工程的前沿交叉领域。因此，基础科学研究应结合先进表征方法，如原位光谱，探究衍生碳微纳结构，跟踪催化过程，最终揭示电催化剂机制。

在实际应用层面，需要解决电极制备问题。首先，农业废弃物和生物污泥来源复杂，组分难以预先精准控制，如何经过预处理和后处理稳定获得高品质的衍生碳电极材料需要重点关注，以保证不同批次样品均可以被利用。其次，农业废弃物和生物污泥衍生碳制备过程中，涉及大规模的材料处理，处理过程中如何实现催化活性位点的调控，保证产品均一化仍然需要进行恰当的工程控制。最后，衍生碳通常是以粉末形式存在，如何制备电极使其在污水使用过程中保持催化活性和稳定性仍然是一个重大挑战。

|第3章| 多孔氧化硅吸附材料制备及水处理应用

3.1 引 言

吸附是自然界中普遍存在的一种现象，一般泛指固体物质表面富集周围液体或气体介质中的分子或离子的过程。吸附技术在环境、经济和社会的可持续发展领域发挥着重要作用。20世纪开始，分子筛、树脂等高效吸附材料被陆续制备出来，并广泛应用于污水处理、气体分离、医药生产、食品等工业生产中。在环境领域，吸附分离法是去除水体污染物最为快速、有效的手段，特别是在去除重金属以及难降解污染物方面具有明显优势。在我国近年来的一些突发环境事件中，活性炭等吸附材料的使用，让人们充分认识到吸附材料具有简单、高效等特点。然而在面向实际应用的时候，环境的复杂性与污染物的特异性往往需要具有特殊吸附功能的材料，现有的多孔吸附剂（如活性炭、树脂以及活性氧化铝材料）往往会受到限制。因此研发新型、高效的吸附功能材料是发展水处理吸附技术的关键核心。

目前吸附材料的发展主要面临以下几方面挑战：①高效、廉价的吸附材料。一般来说，吸附材料的使用量较大，成本较高，尤其是原材料成本，找到低廉、可持续、环境友好的原材料可以较大程度上降低吸附剂的制备成本。②多孔吸附材料的吸附活性位点再生问题。一般来说，吸附材料的再生主要依赖酸碱洗脱或者煅烧等后处理步骤，同样面临着二次污染以及能耗问题。③针对特定、新型污染物的吸附剂改性手段，基于不同种类的污染物或新兴污染物，已有的吸附材料的适用性受到挑战，开发出不同吸附特性的多孔吸附剂可以进一步推进吸附材料的实际应用。鉴于我国水处理吸附技术的发展现状和实际应用面临的问题，开发多种针对不同污染物的新型吸附材料并探索其潜在的应用前景具有重大的环境、经济和社会意义。

本章先概述几类现有的吸附材料，以及介绍水处理领域吸附技术的发展现状。再以粉煤灰为代表的高硅工业固废材料为例，介绍以其为原料制备的吸附材料，推广"以废治污"的理念。通过回顾氧化硅基吸附材料的改性制备手段以及再生性能研究，讨论吸附材料在水处理领域处理特殊、新型污染的应用前景及研究进展。最后总结基于新型多孔氧化硅材料的主要挑战和未来研究展望。

3.2 水处理吸附技术与多孔氧化硅吸附剂

吸附过程是一种传质过程，具有大比表面积的多孔结构往往具有较强的吸附能力，因此水处理领域所应用的吸附剂一般为多孔材料，对吸附质有很强的吸附作用；同时，吸附剂一般不与吸附质和介质发生化学反应。目前，我国已经有多种吸附材料被广泛应用于水处理，其中多孔吸附材料最为常见，包括多孔氧化硅、活性炭、树脂等，上述吸附剂制造方便、易再生，有极好的吸附性和机械性。

3.2.1 吸附材料概述

活性炭（吴新华，1994；立本英机和安部郁夫，2002），是一种经特殊处理的碳质材料，一般为煤矿、木质材料等经过特殊活化过程制备成具有很大的表面积、很强的吸附能力的多孔吸附材料，故能与水体中污染物充分接触并吸附，起净化水体的作用。在污水进行深度处理中，一些难降解的有机污染物，如木质素、丹宁、黑腐素等，均能在一定程度被活性炭去除。

吸附树脂（冯玉杰等，2010）是一类由高交联度的高分子共聚物构成的多孔球形颗粒物，具有较大的比表面积和可控的孔径，适合去除气体和水中的污染物。吸附树脂可分为非离子型和离子型两大类，其中离子交换树脂应用最广，离子交换树脂具有离子交换功能，种类繁多，被广泛应用于水处理领域。

氧化铝又称活性氧化铝（Feng et al.，1997；饶品华等，2009），是一种吸水性能较好的多孔性吸附剂。活性铝在水中表面羟基化活性高，对重金属和部分有机物都有较好的吸附效果，且可以用酸液或碱液进行再生，价格较为低廉。同时，经过造粒的颗粒状活性氧化铝具有良好的机械强度、表面活性和热稳定性，常用作脱水吸附剂、色谱吸附剂、催化剂载体等，所以在重金属废水的处理、饮用水去氟、水体除磷等方面有非常广泛的应用。

多孔氧化硅材料（Baig et al.，2021；Chai et al.，2021；Chen K et al.，2022；Vareda et al.，2022）具有比表面积大、表面含有丰富羟基官能团、孔径可调等特点，使其对水环境中重金属离子以及大分子有机物处理表现出巨大的应用潜力。目前，多孔氧化硅材料作为吸附剂对水中重金属离子、染料、抗生素、苯系物等污染物去除方面的研究已经取得了较大发展。

制备高效吸附剂是吸附技术研究的关键，由于吸附介质（气相和液相）和吸附质的不同，对高效吸附剂的性质要求也不同。气体吸附中，要求吸附剂要有高比表面积和较小的孔径，而溶液中吸附污染物较为复杂，既要考虑多孔吸附剂的孔径大小和吸附质大小的关系，也要考虑吸附剂表面官能团和吸附质之间的作用力。通常可通过提高吸附剂比表面积、提高吸附官能团密度以及控制孔径大小来提高吸附剂的吸附性能。

3.2.2 介孔二氧化硅材料的合成、结构及性能

1992 年 Mobil 公司合成的 M41S 系列介孔二氧化硅可以作为有序介孔硅基材料诞生的标志，随后高度有序的介孔二氧化硅材料的研究

受到了迅速的关注，并取得了快速的进展。通过控制原料和合成条件，其他多种介孔二氧化硅材料被制备出来，包括 SBA 系列、HMS 系列、MSU 系列、KIT 系列、FDU 系列等。这些介孔二氧化硅具有不同的孔径尺寸和孔隙结构特征。当前，最常见的介孔二氧化硅主要为两种具有高度有序六边形直孔结构的介孔二氧化硅，即 MCM-41 和 SBA-15。

如图 3-1 所示，合成以上介孔二氧化硅的基础方法为模板引导的溶胶-凝胶法，整个过程可以分为两个阶段，主要包括表面活性剂-硅前驱体介观结构形成阶段和去模板阶段。表面活性剂-硅前驱体介观结构形成阶段是介孔二氧化硅合成最为重要的阶段，主要涉及了表面活性剂的自组装与硅前驱体的沉淀缩聚，决定了材料形貌尺寸和结构性能等特点（Jarmolinska et al.，2020）。目前主要由液晶模板机理和协同作用机理来指导其合成。液晶模板机理是表面活性剂在硅前驱体结合以前先完成超分子自组装，即表面活性剂亲水的头部把疏水的尾部包围，使之与周围水相隔离，形成化学势最小的双亲性分子球形胶束，随后硅前驱体在表面活性剂胶束的表面积孔隙中沉淀缩聚。协同作用机制是在加入硅前驱体后生成表面活性剂的液晶相，使之与表面活性剂相互作用（如静电、共价和氢键等作用），按照自组装的方式排列成有序的液晶结构（Singh et al.，2020）。去模板阶段是利用高温或其他物理化学方法脱除模板剂，留下有序的介孔结构。

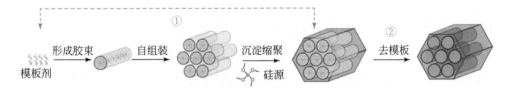

图 3-1　介孔二氧化硅的模板引导的溶胶-凝胶法制备过程

合成介孔二氧化硅常用的硅前驱体材料与二氧化硅气凝胶的前驱体类似，主要包括正硅酸酯类、多聚硅烷、硅酸钠、硅溶胶等。模板剂可分为阳离子型 [如季铵盐类十六烷基三甲基溴化铵（CTAB）、十六烷基三甲基氯化铵]、阴离子型（如长链硫酸盐）、非离子型（如嵌段共聚物 P123、F127）等。在不同的合成体系中，硅前驱体和表面活性剂的选择对介孔二氧化硅的形成起着决定性作用。此外，温度和 pH 也是控制介孔二氧化硅形成的关键因素。不同方法合成的介孔二氧化硅具有不同的特征，可以通过控制不同的合成条件实现对介孔二氧化硅孔结构、形貌和尺寸可控合成。目前，虽然介孔二氧化硅的合成有千变万化的方法，但大都是基于模板引导的溶胶-凝胶法。

介孔二氧化硅具有多种优异的物理、化学特性，如：①大比表面积，最高可达 $1000 \sim 2000 \mathrm{m}^2/\mathrm{g}$；②均匀有序孔道，使它具有高内部可及性；③表面具有丰富硅羟基，有较大修饰功能化空间；④骨架硅氧四面体结构比较稳定，且易于掺杂金属杂原子及有机基团等组分；⑤水/热稳定性较好等。因此，通过对介孔二氧化硅功能进行调控，可以实现多种不同领域的应用，如生物医学领域（药物载体及骨组织工程支架）、化工领域（催化剂载体）、能源领域（超级电容器材料）和环境修复领域（废水、废气的吸附剂或催化剂载体）等（Wu et al., 2013；Verma et al., 2020）。

3.2.3 多孔氧化硅气凝胶材料的合成、结构及性能

1931 年，斯坦福大学的 Kistler 利用水玻璃首次制得了二氧化硅气凝胶，其采用的超临界乙醇干燥技术去除水凝胶中的溶剂，可在很大程度上避免破坏水凝胶多孔网络结构，并将这种由水凝胶经特殊干燥工艺得到的材料称为气凝胶。当时二氧化硅气凝胶的制备过程繁琐且耗时较长，同时其实际应用价值未得到认识，因而并未受到重视。随着溶胶-凝胶技术的发展，1968 年里昂大学的 Teichner 等在 Kistler 的制备基础上改进了合成工艺，用硅醇盐和甲醇体系有效地简化了二氧化硅气凝胶的生产工艺和周期（Nicolaon and Teichner, 1968）。随后，Tewari 等（1985）采用 CO_2 作为超临界流体对水凝胶进行干燥，使得干燥温度可降至室温。为了避开超临界干燥相对苛刻的干燥条件，1992 年美国新墨西哥大学的 Brinker 等发现对水凝胶表面改性后，常压

干燥即可获得具有一定孔隙率的二氧化硅气凝胶。随着二氧化硅气凝胶合成方法和干燥技术的发展，任何低密度和溶胶–凝胶衍生的硅基材料都被广泛认为是二氧化硅气凝胶。

二氧化硅气凝胶与介孔氧化硅的合成及性能有许多相似之处：①两者常规的合成方法均为溶胶–凝胶法；②常用的硅前驱体相同，也均可以高硅工业固废（粉煤灰、硅灰等）为原料制备；③具有许多作为环境材料的优异特性，如大表面积、丰富孔隙结构、较大孔径以及表面丰富的硅羟基结构。同时它们也有各自的特点，如溶胶–凝胶合成过程中，二氧化硅气凝胶可在催化剂作用下直接形成凝胶，不同于介孔二氧化硅需要模板剂引导，但需要老化过程加强孔隙网络。相比较二氧化硅气凝胶，具有有序孔道的介孔二氧化硅则更有利于污染物的传质与扩散。此外，虽然两者均是具有介孔结构的硅基材料，二氧化硅气凝胶为二氧化硅胶体粒子构成的三维网状孔隙结构材料，而介孔二氧化硅（MCM-41 和 SBA-15）为具有有序介孔分布的纳米颗粒（图 3-2）。

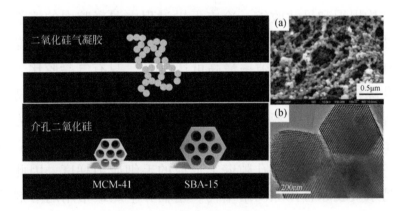

图 3-2　两种介孔硅基材料的结构模型和微观电镜图像

（a）二氧化硅气凝胶的扫描电子显微镜（scanning electron microscope，SEM）图像（Katagiri et al.，2018）；
（b）SBA-15 的透射电子显微镜（transmission electron microscope，TEM）图像（Liang et al.，2017）

二氧化硅气凝胶合成的常规方法为溶胶–凝胶法，如图 3-3 所示，通常包括三个关键步骤：溶胶–凝胶化、老化和干燥。溶胶–凝胶化处理是在催化剂作用下，硅前驱体水解生成凝胶过程，这个过程由前驱体、水、溶剂和催化剂的混合溶液水解和缩聚反应而成。一般通过添加化学交联剂或改变反应的物理条件（如 pH 和温度），使这些胶体颗粒连接起来形成一个三维的孔隙网络结构，三维多孔网络的生成是二氧化硅气凝胶制备的关键和决定因素（丁逸栋等，2016）。凝胶化反应没有随着凝胶的形成而结束，孔内的凝胶溶剂仍然含有反应性物质（如—OH）或未反应的单体，它们可以聚集在孔隙网络，这将引起凝胶网络在溶剂中进一步生长，这个过程称为老化。老化过程主要作用是提高气凝胶网络结构的机械强度，其中 pH、时间、温度等参数是影响老化过程动力学的关键因素（Karamikamkar et al., 2020）。此外，在这个过程中凝胶的大多数结构性质，如孔径、孔隙度和表面积都会发生相应的变化。在二氧化硅气凝胶制备过程中，不破坏原有孔隙网络结构，从湿凝胶得到干燥的凝胶是气凝胶合成的重要步骤。目前用到的干燥方法有超临界干燥、常压干燥、冷冻干燥等。在常压干燥过程中，固-液-气界面的界面张力在孔隙壁面形成毛细张力，会导致干燥过程中结构坍塌和尺寸收缩。冷冻干燥过程中湿凝胶中的溶剂首先被冻结，然后在非常低的压力下通过升华作用被除去。冷冻干燥的气凝胶也被称为低温凝胶，孔隙率最高可达 80%，只有气凝胶比表面积的一半。孔隙体积大、收缩大和比表面积小是低温凝胶典型的特征。通过超临界萃取去除孔隙液体是干燥水凝胶最合适和最有效的方法。在超临界干燥过程中，当压力和温度超过水凝胶孔隙中液体的临界点时，可以在一定程度上绕过在孔隙壁上形成的毛细应力梯度，因此可以很好地保持水凝胶原有孔隙网络结构。超临界干燥最常用的溶剂是二氧化碳，也可用一些有机溶剂，如乙醇等（丁逸栋等，2016）。

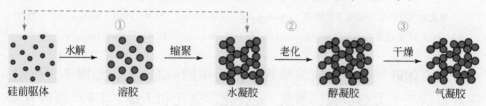

图 3-3　二氧化硅气凝胶的溶胶-凝胶法制备过程

　　合成二氧化硅气凝胶常用的硅前驱体材料包括有机硅源（如正硅酸酯类、多聚硅烷）和无机硅源（如硅酸钠、四氯化硅、硅溶胶等），硅前驱体在很大程度上决定了合成二氧化硅气凝胶的特性和孔隙特点。当以正硅酸酯类、硅溶胶、硅酸钠等为前驱体时，气凝胶表面有丰富的硅羟基，表现出亲水性；当以带疏水基团的硅烷为前驱体时，可以获得孔隙结构更为稳定的疏水性二氧化硅气凝胶。Wagh 等（1999）比较了从三种不同前驱体［正硅酸乙酯（tetraethoxysilane，TEOS）、四甲氧基硅烷和聚乙氧基二硅氧烷］获得的气凝胶，发现四甲氧基硅烷和聚乙氧基二硅氧烷制得的二氧化硅气凝胶比正硅酸乙酯制得的二氧化硅气凝胶孔径分布更窄、比表面积更高。老化条件以及老化时间会进一步影响二氧化硅气凝胶的整体性能。二氧化硅气凝胶中老化的最常用介质为乙醇，在乙醇体系中，再沉淀的硅部分溶解，胶体的渗透性增大。Einarsrud 和 Nilsen（1998）利用正硅酸乙酯/乙醇/水的混合液来进行老化处理，老化过程中会有新的单体在网络结构中形成，使得凝胶的强度和刚度有所增加，但是渗透性水平则会下降。

　　二氧化硅气凝胶孔隙率可高达 99.8%，空气填充二氧化硅气凝胶绝大部分表观体积，其独特的纳米多孔网络骨架使其具有众多特殊性能，如高比表面积（1000 ~ 2000m^2/g）、超低导热系数［低至 12mW/（m·K）］、极低密度（低至 1.2×10^{-4} g/cm^3）、低阻抗及低折射率等，具有广泛的应用价值。目前国内外已有一些商业化的气凝胶产品，但生产企业为数不多且产品价格昂贵。例如，美国卡博特、阿斯彭，德国 BASF，中国纳诺高、埃力生等公司都是生产二氧化硅气凝胶的著名公司，其产品已被广泛应用于建材、保温材料等多个领域。二氧化硅气凝胶在其他领域的应用，如吸附剂、催化剂、传感器以及储能电极等，虽尚未在市场上产生重要影响，但其极具发展潜力。而其高比表面积、高孔隙率、易于改性、高的生物相容性等特点使其成为一类有潜力的环境材料。

　　高成本是制备介孔二氧化硅材料的最大问题。目前的介孔二氧化硅的制备主要利用硅酸钠、正硅酸乙酯、四氯化硅作为硅源，成本高且产量较低，限制其工业化应用。先进的氧化硅基吸附材料和成孔制备方法以及低廉成本和材料再生技术是推动吸附技术在实际应用中的动力源泉。其可以达到环境友好目的，进而实现硅基材料的绿色可持续利用，同时具有重要的社会经济效益。经过近几十年研究者的不断探究，以高硅工业固废为原料制备介孔硅基材料的方法日益成熟，也是当今的研究热点之一（Pizarro et al., 2015；Castillo et al., 2018；Miao et al., 2020）。

3.3 工业固废资源化

前面我们主要介绍了两种类型的介孔硅基材料，即二氧化硅气凝胶和介孔二氧化硅，它们作为环境材料均具备良好的应用前景，同时介绍了两种介孔硅基材料的发展历史、合成方法及特性。本小节将重点围绕工业高硅固体废弃物的资源利用，以其为硅源合成多孔吸附材料，并探索其对多种水体污染物的去除效果，达到"以废治污"的目标。

高硅工业固废包括粉煤灰和硅灰。粉煤灰含有大量玻璃态硅（33%~59%）和 Al_2O_3（16%~35%），因而可以作为提取二氧化硅以及制备含铝介孔硅基材料的理想原料。既可以解决吸附剂制备中原材料的问题，又可以将大量产出粉煤灰固废进一步资源化。Shi 等（2010）以工业粉煤灰为原料，通过粉煤灰与氢氧化钠水热反应制备硅酸钠溶液以及由所得的硅酸钠溶液合成二氧化硅湿气凝胶，然后利用三甲基氯硅烷（trimethyl chlorosilane，TMCS)/乙醇/己烷混合溶液对湿凝胶进行溶剂交换和表面改性，通过常压干燥获得多孔二氧化硅气凝胶。结果表明，合成的二氧化硅气凝胶具有轻质、疏水性好的特点，比表面积和孔体积分别为 $907.9 m^2/g$ 和 $4.875 cm^3/g$。Wang B 等（2018）以粉煤灰为原料在烷烃-水非均相体系中制备了高性能的单分散介孔二氧化硅纳米球，该介孔二氧化硅具有较好的水热稳定性、比表面积高，介孔孔径分布有序。电池厂实际废水中重金属离子的吸附实验结果表明，制备的单分散介孔二氧化硅对多种重金属离子（Ni^{2+}、Cd^{2+}、Mn^{2+}、Zn^{2+}、Hg^{2+}、Pb^{2+}）的吸附效果良好。经过该吸附剂处理后，各种有毒金属的浓度均降低到微克每升的水平，达到排放标准。Li 等（2013）以粉煤灰为硅源和铝源，用一锅法成功合成了含铝的介孔二氧化硅，具有大比表面积（$1020m^2/g$）和高孔体积（$0.98cm^3/g$）、较低 Si/Al 和有序的介孔结构，在 298K 时对磷酸盐的吸附量达到 $64.2mg/g$，远远高于大孔介孔二氧化硅 SBA-15（$53.5mg/g$）、硅藻土（$53.5mg/g$）和 MCM-41（$53.5mg/g$）。

硅灰是在冶炼硅铁合金和工业硅时产生的硅被空气中氧气迅速氧化并冷凝而形成的一种超细硅质粉体材料。硅灰中二氧化硅（硅）的含量可以达到 85% ~99%。由于硅灰中二氧化硅为非晶态，具有较高反应活性，可替代有机硅源，成为廉价易得介孔硅基材料的硅源。Kassem 等（2021）以工业固废硅灰为硅源制备一种新型的介孔材料——氧化锌-硅灰衍生二氧化硅纳米复合介孔材料，用于高效光催化氧化去除水中结晶紫染料。结果表明，在紫外光照射下，该催化剂在 pH 为 9.0 的条件下可于 1h 内有效去除合成废水中>98%（浓度为 $10\mu g/L$）结晶紫，且在五次循环使用后表现出很高的稳定性。Zhu 等（2016）以面活性剂 CTAB 为模板剂，硅灰为硅源，水热合成了一系列球形介孔二氧化硅材料。当合成条件为结晶时间 48h、结晶温度 363K、NaOH 与 SiO_2 摩尔比 $0.2 \sim 0.3$、CTAB 与 SiO_2 摩尔比 0.15 时，制备出的介孔二氧化硅最优，呈现出高度有序的球形六方结构，对水中 Pb^{2+} 具有良好的吸附性能。

此外，也有一些其他的工业废弃物制备介孔硅基材料，如 Nazriati 等（2014）以蔗渣灰为硅源，用 NaOH 溶液提取蔗渣灰中的二氧化硅，作为制备二氧化硅气凝胶的前驱体合成湿凝胶。随后，利用三甲基氯硅烷和六甲基二硅氮烷（HMDS）将表面硅羟基基团替换为烷基，有效地防止二氧化硅气凝胶的孔隙缩合。Tang 和 Wang（2005）富含二氧化硅的稻壳灰用氢氧化钠溶液萃取，制成硅酸钠溶液，然后用硫酸溶液进行中和，形成硅胶。用水冲洗并与乙醇交换溶剂后，使用超临界二氧化碳将老化凝胶干燥成气凝胶。稻壳灰为硅源的二氧化硅气凝胶的比表面积高达 $597.7 m^2/g$，体积密度为 $38.0 kg/m^3$，气凝胶内部的孔隙直径在 $10 \sim 60 nm$。

在介孔氧化硅吸附材料的制备中，利用以上高硅工业固废材料代替硅酸钠、正硅酸酯类、硅溶胶、多聚硅烷等传统硅源，不仅可以降低成本，也可以减少工业固废带来的环境问题，从而推动以高硅工业固废制备介孔硅基材料的研究进展。

3.4　氧化硅基吸附材料的改性与应用

对介孔氧化硅材料表面进行官能团或功能分子的改性或者与其他功能材料复合杂化，是扩大介孔硅基材料应用的关键方法。由于介孔硅基材料表面富含大量硅羟基，容易作为反应活性位点与不同的有机官能团共价结合，从而对介孔硅基材料的表面功能化。目前对介孔硅基材料常用的表面修饰方法有两种途径，即一锅法与后修饰法。

3.4.1　功能化介孔氧化硅吸附剂

介孔二氧化硅材料 $2 \sim 10 nm$ 尺寸的有序孔道利于污染物的传质与扩散，且由于其本身骨架结构的稳定性，广泛应用于水体中放射性核素、重金属离子的富集和固定。由于介孔二氧化硅本身吸附性能有限，主要是作为一种具有大比表面积并且传质良好的载体材料，对污染物去除主要依赖于对吸附剂的改进和功能化。

功能化介孔二氧化硅的一锅法合成是利用硅前驱体与含有功能基团的硅烷偶联剂在超分子自组装过程中同时缩聚沉淀，形成复合液晶相，在生成介孔结构的同时，直接将有机功能团引入介孔硅基材料中。一锅法共缩聚更简单、更快速，但较高浓度的掺杂可能会导致缩合时间更长，破坏材料的有序性，同时在酸碱性环境下不能稳定存在的基团则不能采用共沉淀法制备得到稳定的修饰材料，限制其应用。所以，一锅法只适用于合成具有稳定官能团且组装量不大的材料，介孔二氧化硅的一锅法功能化除了能控制功能化基团的表面浓度外，还能控制介孔二氧化硅材料的形貌。

介孔二氧化硅的后修饰法功能化是利用介孔二氧化硅表面丰富的硅羟基反应位点，在其表面嫁接功能基团。后修饰法一般在氮气氛围的保护下进行，防止硅烷偶联剂自身的水解与聚合。在整个后修饰过程中，介孔硅基材料的孔道结构不会被破坏，同时可以形成更均匀、更高接枝效率的产物，也可以通过多步接枝增加功能性，并确保功能位点之间相互隔离，因此该方法的使用更为普遍。

Guo 等（2017）以氨基丙基三乙氧基硅烷和磷酸三丁酯为原料，通过两步接枝法对介孔二氧化硅进行改性，合成了磷酰功能化介孔二氧化硅（TBP-SBA-15）。TBP-SBA-15 表面的磷酸根对 U(VI) 具有较强的固定能力，在较宽的 pH 范围内表现出较高的吸附能力，并且吸附速度很快。Yuan 等（2011）以阳离子表面活性剂十六烷基三甲基溴化铵为模板剂，通过二乙基磷酰乙基三乙氧基硅烷和正硅酸乙酯硅烷的共缩合反应合成了介孔二氧化硅。合成的二氧化硅纳米颗粒具有均匀孔径为 2.7nm 的介孔结构，并且具有良好的稳定性和从水溶液中吸附 U(VI) 的高效性。在室温近中性条件下，最大吸附量为 303mg/g，快速平衡时间为 30min。用 0.1mol/L HNO_3 可以很容易地解吸吸附的 U(VI)，回收的介孔二氧化硅可以在不降低吸附容量的情况下多次重复使用。此外，还研究了使用功能化介孔二氧化硅从 100mL 水溶液中预富集 U(VI)，预富集因子高达 100，表明这种介孔二氧化硅在固相萃取和富集 U(VI) 方面有着巨大的潜力。Liao 等（2020）利用后嫁接方法制备了氨基功能化介孔二氧化硅 NH_2-MCM-41，对金属阴离子 Cr(VI) 表现出优良的吸附性能。通过高分辨电镜、光谱及计算等一系列技术，证实氨基官能团衍生的带正电吸附剂表面与带负电 Cr(VI) 物种之间的静电相互作用是 Cr(VI) 固定在 NH_2-MCM-41 上的主要机制。

随着对介孔二氧化硅改性手段的进一步理解和摸索，更多种类的优异介孔二氧化硅吸附剂被开发制备出来，可用于对大分子有机污染物（如染料）的吸附去除。Yilmaz（2022）制备了一种氧化石墨烯/介孔二氧化硅复合材料，可以从甲基橙和亚甲基蓝混合溶液中选择性吸附亚甲基蓝，对亚甲基蓝的吸附容量可以达到476.19mg/g。其中，氧化石墨烯贡献的 π-π 堆积作用以及复合材料与亚甲基蓝染料之间的静电吸引作用是主要的吸附机制。

此外，针对抗生素等新兴污染物，将二氧化硅材料做出相应的改性也是吸附剂的重要发展方向。Vu 等（2010）制备了镧浸渍介孔二氧化硅，相比较纯的介孔二氧化硅对四环素的吸附能力（25.5mg/g），镧浸渍形成的材料对四环素的吸附能力（200.0mg/g）大大提高，并且随着负载量的增加，四环素吸附量也逐渐增大。四环素和重金属离子都是在水环境中经常被检测到污染物，并且四环素也易与重金属离子发生反应生成络合物，镧浸渍介孔二氧化硅对重金属-四环素复合污染物也具有良好的去除性能。Qiao 等（2021）在介孔二氧化硅上首先接枝带有双端氨基结构的硅烷，利用双端氨基与 Mn（Ⅱ）较强的亲和力，得到带有三倍对称正电荷金属中心八面体结构的吸附剂 Mn-MSNs（图3-4），该吸附剂大大提高了介孔二氧化硅对四环素的吸附性能，吸附量是初始未改性介孔二氧化硅的四倍多，最大吸附量为229mg/g。吸附亲和力是未改性介孔二氧化硅的将近 10 倍。同时，Mn-MSNs 吸附剂可以有效去除水体中不同污染浓度的四环素。初始四

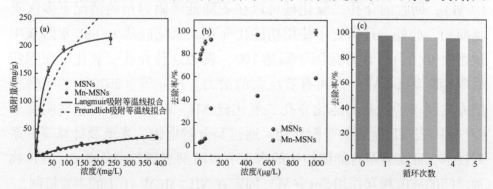

图3-4　Mn-MSNs 与初始介孔二氧化硅对四环素的（a）吸附等温线和（b）对低浓度四环素的吸附；（c）Mn-MSNs 对四环素的多次吸附-解吸循环使用（Qiao et al., 2021）

环素为100～1000μg/L较低浓度时，Mn-MSNs能够有效去除大于90%的四环素；当四环素浓度低至接近天然水体中四环素浓度5ug/L时，去除率依然可以达到75%以上。此外，在五个吸附–解吸循环内对四环素的吸附容量始终保持在初始吸附容量的95%以上。

3.4.2　功能化氧化硅气凝胶吸附剂

　　二氧化硅气凝胶本身功能基团单一且孔隙分布不均匀，因此对污染物的吸附性能有限，可通过上述的改性方法，针对性地嫁接功能基团或者与其他功能组分复合杂化提高其对污染物的吸附容量和吸附亲和力。

　　二氧化硅气凝胶的一锅法功能化方法为：在硅源中直接加入含有功能团的硅烷偶联剂共同参与二氧化硅气凝胶孔结构的形成，或者在硅溶胶中添加功能组分共同参与凝胶过程制备掺杂型二氧化硅气凝胶。例如，Aghajamali等（2016）利用具有透明、高比表面积二氧化硅气凝胶和环境友好型发光硅纳米晶体（SiNCs）的化学兼容性，通过一锅法共凝胶策略合成了一系列具有不同透明度的发光杂化气凝胶，为新型硅基杂化材料的制备提供了一种新的思路。张志华等（2005）以多聚硅E240为硅源，利用带有疏水官能团三甲基氯硅烷作为修饰液，使得亲水基团硅羟基替换为疏水的硅甲基基团，因而二氧化硅气凝胶拥有较好的疏水特性。二氧化硅气凝胶的一锅法疏水化改性是制备保温隔热材料常用的方法之一，利用具有疏水性的有机基团来替换原有的亲水基团可以同时解决以下问题：①干燥凝胶时硅羟基在热应力作用下发生脱水缩聚，引起湿凝胶的骨架收缩和孔隙结构塌陷；②干燥的二氧化硅气凝胶表面硅羟基易吸水变潮使其保温隔热性能大打折扣，限制其应用。二氧化硅气凝胶的一锅法功能化具有合成简单灵活、可操控性强的特点，受到越来越多的关注。

　　疏水性改性的另一种常用方法为后修饰法，对湿凝胶进行表面疏水改性常用方法是浸泡法，即选用适当浓度的含有疏水剂（多为硅烷偶联剂）的有机溶液，在适当温度下与凝胶骨架上的亲水基团反应，实现从亲水到疏水的改性过程。目前，二氧化硅气凝胶表面改性常用的改性剂有三甲基氯硅烷和六甲基二硅氮烷两种。Mohseni-Bandpei 等（2020）利用 3-氨丙基三乙氧基硅烷改性二氧化硅气凝胶，在二氧化硅气凝胶上嫁接高度稳定且高密度氨基，以此作为主要吸附位点，通过疏水作用、静电作用以及氢键等协同作用力可实现对水体中的布洛芬的高效吸附去除。

3.4.3　环境友好型吸附剂的制备

Qiao 等（2022）以成本低廉的硅酸钠、壳聚糖和氯化铜为原料，通过一锅法共凝胶方法，快速制备铜负载量高的铜/壳聚糖/硅三元复合气凝胶（图 3-5），该复合气凝胶对水体中四环素表现出优越的吸附性能，具有快速吸附动力学（在 30min 内 >95% 的去除效率）和高吸附容量（1076.7mg/g）特点，并且适用于广泛的 pH 范围（pH 5~10）。此外，铜/壳聚糖/硅三元复合气凝胶具有良好的可重复使用性，连续五次吸附-解吸循环使用中其对四环素的去除效率与初始的吸附剂相比仅减少 1.95%~4.46%。同时，铜/壳聚糖/硅三元复合气凝胶对四种不同实际水样（包括河水、自然水和废水处理厂二级出水等）中四环素的去除效率均保持在 80% 以上。

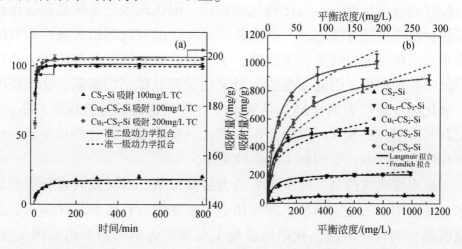

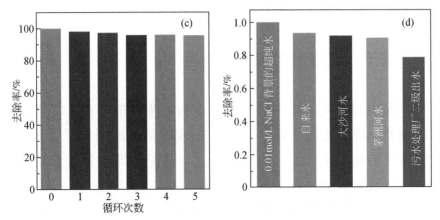

图 3-5　铜/壳聚糖/硅三元复合气凝胶对四环素的（a）吸附动力学和
（b）吸附等温线；（c）Cu_3-CS_2-Si 对四环素的多次吸附–解吸循环使用；
（d）Cu_3-CS_2-Si 对不同水质条件下四环素的去除（Qiao et al., 2022）

　　通常商业二氧化硅气凝胶具有疏水性，可以通过亲水基团或亲水物质的改性，改良其疏水特性，也可以制备同时具备亲水和疏水位点的两亲性气凝胶吸附剂。研究表明，疏水性气凝胶对难溶性有机化合物具有较高的吸附能力，亲水性的二氧化硅气凝胶对水溶性有机化合物的吸附效率更高，两亲性气凝胶则可修复难处理的乳化废水（Liu et al., 2009）。Gao 等（2017）通过溶胶–凝胶和常压干燥过程合成了一种二氧化硅–壳聚糖复合的两亲性气凝胶，复合气凝胶通过将亲水性壳聚糖整合到有机硅烷修饰的二氧化硅纳米框架，可以实现多个官能团 [—OH、—NH$_2$、≡Si—O—Si(CH$_2$)$_3$NH$_2$ 和 ≡Si(CH$_3$)$_3$] 的共存，有助于形成两亲性的二氧化硅气凝胶。该复合气凝胶与油、水混合液体具有良好的相容性，对碳酸丙烯酯具有快速、高效的去除能力，远优于活性炭。此外，该材料对乳化废水中重金属离子（Pb^{2+}和Cu^{2+}）也表现出优异的吸附性能。Prasanna 等（2020）制备了经乙醇活化的二氧化硅气凝胶，活化过程中，乙醇的—C$_2$H$_5$基团覆盖在气凝胶的疏水表面，暴露出亲水性—OH向孔隙内侧聚集，使水与气凝胶接触，大大提高了二氧化硅气凝胶的亲水性。与初始的二氧化硅气凝胶相比，乙醇活化后的亲水气凝胶对多种污染物（如阿霉素、紫杉醇、邻苯二甲酸酯和罗丹明染料）的吸附效率提高了 50% ~75% 。

3.4.4 基于催化降解的吸附剂再生

对于吸附剂来说，其吸附活性位点的再生性能是衡量一个吸附剂优劣的重要标准，也是决定其实际使用成本的关键因素。大部分吸附材料的再生依赖酸碱洗脱、煅烧、电化学等后处理方法，这类处理不但增加运行成本，同时耗能较高，容易造成二次环境污染。因此，吸附材料吸附位点的有效再生是吸附技术的重点难点。二氧化硅气凝胶和介孔氧化硅本身不具有光催化氧化反应的活性，但作为催化反应中的载体材料，受到越来越多研究者的关注。根据载体材料参与催化反应的能力，可将其分为活性和惰性两类。惰性载体材料主要起到分散金属氧化物或金属纳米粒子的作用，而活性材料则可提供载体和活性中心，以促进催化反应。介孔二氧化硅和二氧化硅气凝胶在紫外线区域没有光吸收，是惰性载体材料，通过添加具有光催化活性的金属组分，为其在催化领域的应用提供了可能。同时，金属半导体与硅基材料的复合，也可以在一定程度上增强半导体催化剂的催化活性。

3.4.5 吸附–降解复合功能材料

介孔硅基材料作为主体或载体材料在水处理中主要有两种用途：一是通过改性或与其他组分复合杂化等方式提高其表面活性，使其对水中污染物具有高效吸附性能；二是通过与具有半导体特性的金属氧化物等组分复合，调节其光吸收和利用效率，使其对水中污染物具有良好的光催化氧化活性。由于介孔二氧化硅和二氧化硅气凝胶具有比表面积大、孔径尺寸和孔体积大、水/热稳定性好等特点，广泛用作各种催化反应中的惰性载体材料，可用于提高光催化活性物种的分散性和对污染物的吸附，进而提高光催化活性。目前，氧化硅吸附–降解多功能材料已经成功用于染料、药物等有机污染物的光催化降解去除。

Najafidoust 等（2021）制备了 BiOI- 二氧化硅气凝胶复合光催化剂（BiOI-SA），可用于可见光下催化降解多种有机染料。复合材料中二氧化硅气凝胶的加入，使材料形貌呈花状颗粒分散，对有机污染物吸附增加，同时也会使更多的活性中心暴露于可见光，使复合材料对有机染料具有良好的可见光催化性能。此外，他们还通过浸渍和溶胶–凝胶法，将铁掺杂的氧化锌纳米颗粒负载于疏水的二氧化硅气凝胶上制备 Fe-ZnO/SA，用于去除水体中的苯系污染物。通过向 Fe-ZnO 中添加二氧化硅气凝胶，增加复合材料表面积和提高对苯系物的吸附性能，促使 Fe- ZnO/SA 光催化降解性能明显高于 Fe- ZnO。Inumaru 等（2005）通过共缩聚的方法合成了一种 TiO_2 负载的介孔二氧化硅复合光催化材料 TiO_2-MPS-60，复合材料中 TiO_2 负载量高、结晶良好，对有机污染物 4-壬基酚具有高效选择性和催化活性，催化性能超过纯的商用 TiO_2 颗粒，并且远远高于 TiO_2 与介孔二氧化硅的机械混合物。Cheng 等（2016）通过一锅共缩合的策略将碳点和 Ti 均匀地掺入硅骨架，增强碳点和 Ti 组分间的协同效应，改进该复合材料物理性质，包括有序孔道、表面积和在紫外到近红外的光吸收，使该复合材料对偶氮染料酸性橙 7 表现出优异的光催化降解性能。Aliyan 等（2013）制备了一种 Fe_3O_4 与介孔二氧化硅的复合材料 Fe_3O_4@SBA-15，其中 Fe_3O_4 纳米晶体高度分散在介孔二氧化硅，对孔雀石绿染料具有高催化活性，并且利用 Fe_3O_4@SBA-15 的磁性特点，可以实现材料的快捷回收和再循环利用。此外，Qiao 等（未发表）开发了一锅法快速共凝胶方法，制备出镍/壳聚糖/硅三元复合水凝胶，随后创新性地利用超临界乙醇低温碳化的方法制备得到单原子催化剂 5% Ni-C-Si。该单原子催化剂具有禁带宽度窄的特点，在可见光照射条件下可于 20min 内几乎完全降解四环素（图 3-6），具有高的准一级动力学速率 0.169min^{-1}。此外，5% Ni-C-Si 表现出优异的可重用性，在连续五次的循环光催化实验中，四环素降解效率几乎没有明显变化，表明 5% Ni-C-Si 催化剂在光催化应用中具有较高的稳定性和耐久性。

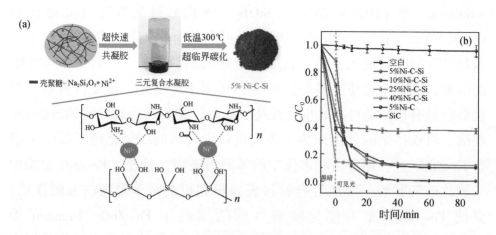

图 3-6 （a）5% Ni-C-Si 单原子催化剂的制备过程；（b）不同镍负载量的
Ni/C/Si 催化剂对四环素的可见光降解

3.5 挑战与展望

介孔氧化硅吸附材料（二氧化硅气凝胶和介孔二氧化硅）由于其比表面积大、孔隙率高、孔径可调、表面硅羟基丰富等独特理化性质，可作为一类有潜力环境材料用于高效吸附/光催化氧化去除水中的污染物，在本章我们回顾了两种介孔硅基材料的合成性质和功能化方法，以及作为吸附剂和多功能材料去除水中污染物的几个典型例子，从中我们可以总结出如下内容。

（1）多孔氧化硅材料可以通过多种制备手段获得，进而对水中多种污染物表现出优异的去除性能，但由于介孔硅基材料的硅源前驱体成本高且产量低，无法大规模生产，这大大限制了介孔硅基材料在水处理中的实际应用。粉煤灰等高硅工业固废产量大、成本低廉，对其绿色资源化利用是一个很有前景的领域，这将在很大程度上降低介孔硅基材料的合成成本，同时也可以缓解工业固废所带来的环境问题。后续研究中，开发高性能的高硅工业固废衍生的介孔硅基材料用于水中污染物的去除将会成为环境材料开发及水处理领域的一个研究热点。

（2）作为吸附剂，介孔氧化硅材料的较大孔径有利于污染物的传质与扩散，可促进对污染物的吸附。但由于其本身硅羟基活性位点的吸附亲和力有限，需要对其进行功能化以提高吸附性能。对于二氧化硅气凝胶而言，利用一锅法共凝胶方法能够制备多功能复合材料；对于介孔二氧化硅而言，后嫁接功能化方法改性空间更大，可以作为高效吸附剂去除水中重金属离子、染料、抗生素等多种不同污染物。

（3）作为优质的吸附材料，虽然两种介孔氧化硅材料本身均不具备光催化活性，但可以成为一类优秀的惰性催化剂载体。通过将介孔硅基材料与半导体材料复合，利用介孔硅基材料的大比表面积及高孔隙率等特点，可提高半导体的分散性及其对污染物的吸附，进而增强其光催化活性。

第 4 章 机器学习辅助的环境功能材料制备技术

4.1 引　言

制备出具有稳定性、高活性和选择性等良好性能的环境功能材料一直是水处理领域研究的热点和重点。传统的环境材料制备依赖于试错法，通过不断地试错和纠错找到性能良好的环境材料。该方法通常耗时耗力，难以满足快速更新环境材料和解决日益严峻且复杂环境问题的需求，亟待开发新方法与技术来加速新型环境材料的制备与优化过程。近年来大数据和机器学习在各个数据领域的应用得到了快速发展，为加速环境功能材料的开发提供了新方法和思路。本章介绍机器学习辅助的环境功能材料开发技术。

4.2　机器学习概述

4.2.1　机器学习方法

机器学习方法在实践探索中脱颖而出，不仅在方法学和技术成熟度上有了快速发展，而且在包括材料研发在内的许多学科和工程领域取得了重要成果。广义上说，机器学习就是用数据来构建模型的过程。经典模型的构建通常依赖于物理原理推导数学方程和建立数学模型来描述规律和各变量间的关系。与经典模型构建不同，机器学习从数据中学习，寻找规律、建立模型。

4.2.2 机器学习在材料领域应用现状

数据驱动的研究方法在材料、能源、催化等领域已得到广泛应用并取得较多成果。Li T Y 等（2020）利用机器学习预测钒液流电池的成本和性能等指标，并进一步通过该方法来优化材料组成与电池结构。Sun 等（2019）利用机器学习实现了高性能光伏材料的辅助分子设计和效率预测，提升了材料研发效率与设计进度。Barnett 等（2020）利用机器学习设计特殊的气体分离膜，打破了传统膜设计领域依靠经验和观察来设计膜材料的局面，并通过机器学习模型的预测合成出高性能的气体分离膜。除上述成果以外，机器学习在催化剂设计、优化及性能预测领域取得的研究成果也备受瞩目。Falivene 等（2019）利用计算机辅助方法，从微观角度进行催化剂活性中心的优化设计，从而进一步加深对催化机理的认识，并基于该方法实现催化剂的设计、优化与改进。Umegaki 等（2003）利用机器学习建立了催化剂活性与组成之间的关系模型，优化了催化剂的合成与应用条件。Suzuki 等（2019）利用元素特征（如原子序数、原子质量、原子半径、电负性、熔化焓、密度和电离能等）构建了催化性能预测模型，并以该模型为基础寻找潜在高性能催化剂。Li Z 等（2017）将机器学习算法集成到基于描述符的设计方法中，实现了过渡金属催化剂的快速筛选。Juhwan 等（2017）通过主动学习算法设计出与二氧化碳还原反应相关的催化剂，实现了高精度的预测，并发现了一种性能优良的二氧化碳还原催化剂。上述研究表明，相较于传统的试错方法，机器学习能够更加快速、高效筛选与优化材料。

机器学习的应用范围十分广泛，具有广谱适用性。它以数据为基础，算法为核心，模型为指引，预测为目的，在环境功能材料的高效设计与合成、性能预测与机理探讨等方面，均给予了我们很多启示

（Yuan et al.，2017）。本章先简要介绍机器学习应用中的一些基本概念，然后讨论如何应用机器学习作为辅助手段来帮助筛选和优化环境功能材料。

4.3　机器学习方法与应用

机器学习算法种类繁多，基于其所使用数据的特点和来源不同，主要可分为三大类型（Liu Y et al.，2017）。

1）监督学习

监督学习（supervise learning）是指用于机器学习的数据带有标记，即每个种类的数据均具有可表明其类别的标签（label），被称为"描述符"（descriptor），这些标记可以是数据类别、数据属性及特征位置等，主要取决于数据获取过程中所赋予它的类别名称和意义，赋予其类别含义是为了帮助我们更好地理解各类别数据间的关系。监督学习算法的主要目的是构建有标记的自变量与因变量之间的相关关系。常见的监督学习包括分类（classification）和回归（regression）。其中，分类是指将一些实例数据划分到合适的类别当中，而回归则是将数据回归到一条"线"上，即离散数据产生的拟合曲线。

2）无监督学习

无监督学习（unsupervised learning）表示用于机器学习的数据没有标记，其主要目的是机器可以从无标记的数据中探索并推断出数据间的潜在联系。常见的无监督学习包括聚类（clustering）和降维（dimensionality reduction）。在聚类过程中，事先并不知道数据的类别，因此需要分析样本在特征空间中的分布，该方法主要基于概率统计模型。降维是指降低数据的维度，如果数据本身具有庞大的数量和多种属性特征，若分析其全部信息，将会增加训练（training）的负担和存储空间，因此需采用降维方法来舍弃一些次要因素，从而平衡准确度与效率之间的关系。

3）强化学习

与监督学习和无监督学习不同，强化学习（reinforcement learning）所使用的数据并非由外部输入，而是机器在特定的规则和环境中，通过带有激励性质的不断试错而自动产生并累积的。具体而言，如果机器行动正确，将对其给予一定的"正激励"，即"奖励"（bonus）；如果行动错误，将会给出一个"负激励"，即"惩罚"（penalty）。在这种学习情景之中，机器会考虑在一个环境中如何行动才能达到激励的最大化，具有一定的动态规划思想。

对于环境功能材料的研究而言，监督学习是最主要的机器学习方法。因为当前的研究主要探寻因果关系，建立起自变量（independent variable）与因变量（dependent variable）之间的关系，并将其应用于材料设计和性能预测等过程中。非监督学习与强化学习在材料开发领域中的应用还较为有限。

4.4 机器学习应用于环境材料开发流程、步骤

在数据驱动辅助功能材料筛选和优化的过程中，主要归纳出数据采集、特征选择、模型构建及训练和模型应用及升级等步骤（图 4-1）。本小节将以光化学催化材料为例，逐一介绍这些步骤。

4.4.1 数据的获取和处理

机器学习是由数据驱动来寻找规律和建立模型的研究方法，因此数据的质量和数量是提高机器学习效果的关键。每个基于机器学习研究的首个问题是机器学习需要什么形式的数据以及需要多少数据。机器学习可以使用各种类型数据，包括时间序列、图像、传感器信号、文本和化学公式、空间构型、三维点云和原子映射等结构数据（Toyao et al., 2020）。理论上，可以使用任何形式的数据，而且数据越多，机器学习模型预测的精度和可靠性越高（Chen et al., 2021）。

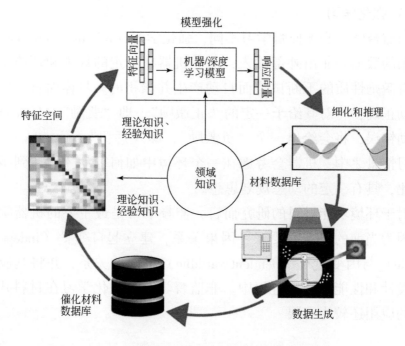

图 4-1　机器学习辅助的材料筛选和优化流程

　　数据的来源渠道很多，常见的数据获取方法包括从相关数据库中直接获取，或是通过计算机技术从文献和网页抓取，也可以通过理论模拟计算和实验等方法来获取。目前，已建立起多种专项数据库，如基于实验研究获得的无机晶体材料数据库（The Inorganic Crystal Structure Database，ICSD）、晶体学开放数据库（Crystallography Open Database，COD）和剑桥结构数据库（The Cambridge Structural Database，CSD），以及基于理论模拟的开放量子材料数据库（Open Quantum Materials Database，OQMD）（Saal et al.，2013）和哈佛清洁能源项目（HCEP）（Tan et al.，2009）等，这些数据库的建立，在相应的研究领域中起到了重要作用，也产生了丰富的研究成果。另外，这些成果又可进一步转化为数据信息加入到已有数据库中，实现数据库拓展。

　　并非所有领域的研究均能形成规模化的数据库。原因是同一类型的研究，研究者所关注的角度不同，使得实验数据的获取和发布存在一定的针对性和倾向性，这导致很多研究虽属同一领域，但却难以形成具有统一结构的规模化数据库。以烟气脱硝催化剂为例，有研究者以机理探讨为主要内容，因而提供的数据信息主要是计算数据和过程分析数据，却忽略了催化剂的催化效率；而以应用为主要目的的研究工作，其关注的是催化效率，主要提供反应条件和反应结果等方面的数据。因此，构建具有统一结构的数据库在客观上具有一定的困难。

以网络爬虫从文献或网页中快速收集数据的方法，在非结构化文本信息的提取方面能力比较有限，且受到代码对自然语言的识别和处理能力的影响，会将一些重要数据忽略。但该方法可在短时间内获取大量的数据，实现数据的自动化获取。此外，还可通过计算机模拟计算的方法获取数据，这需要有成熟的计算方法与理论支撑。相较而言，通过实验的方法来建立数据库，显得缓慢且效率低下，但这也是数据获取的重要途径。

获得原始数据之后，需要对其进行处理，该过程被称为"数据预处理"（preprocessing），也称"数据清洗"（data cleaning），该步骤是为了保证计算结果的可靠性（Liu Y et al., 2017）。在数据预处理阶段，需要保证单位的统一性以及数据的完整性。然后进行特征提取（feature extraction）和特征选择（feature selection）等步骤，即数据的分类工作。

4.4.2 机器学习算法的选择

机器学习算法种类繁多，各具特点（图4-2），选用适当的机器学习算法是实现准确预测的重要步骤。目前常见的机器学习算法（Reichstein et al., 2019; Kim et al., 2020）有支持向量机（support vector machine, SVM）、决策树（decision tree）和人工神经网络（artificial neural network）等。以上机器学习算法的目标都是为了从数据中寻找规律、建立模型和开展预测，如监督学习模型可以预测离散集中的输出值（如将一种材料分类为金属或绝缘体）或连续体设置（如极化），其中前者为分类模型，而后者为回归模型。但各个算法所基于的底层建模原理迥异，因此它们各有优劣，需要针对具体问题来进行选择，也可以通过比较不同机器学习模型的回归效果来选择。此外，使用集成学习（ensemble learning）方法整合不同的算法或内部参数值不同的相同算法［被称为"自助法"（bagging）、"提升法"（boosting）、"堆叠法"（stacking）］，可以创建一个更庞大但更稳健的集成模型。下面我们概述一些常见的算法。

（1）朴素贝叶斯分类器（Hand and Yu，2001）：是一系列基于贝叶斯定理算法，将数据作为问题的先验知识。给定一组现有数据，贝叶斯定理可以提供一种能够正确计算假设发生概率的方法。通过增加新的样本测试和更新之前的知识，最终得到任一假设的发生概率。朴素贝叶斯的优点是对小规模的数据表现很好，适合多分类任务及增量式训练。缺点在于对输入数据的表达形式很敏感。

（2）KNN 即最近邻算法（Shakhnarovich et al.，2005）：其主要过程为计算训练样本和测试样本中每个样本点的距离（常见的距离度量有欧氏距离、马氏距离等），对上面所有的距离值进行排序，选前 k 个最小距离的样本，根据这 k 个样本的标签或值得到最后的预测。KNN算法可用于分类和回归模型。在分类中，预测的标签为 k 个最近点中的大多数。在回归中，它是 k 个最近点的平均值。如何选择一个最佳的 K 值取决于数据。一般情况下，在分类时较大的 K 值能够减小噪声的影响，但会使类别之间的界限变得模糊。一个较好的 K 值可通过各种启发式技术来获取，如交叉验证。噪声和非相关性特征向量的存在会使 K 近邻算法的准确性减小，同时 KNN 算法的计算量很大，对内存要求很高。近邻算法具有较强的一致性结果。随着数据趋于无限，算法保证错误率不会超过贝叶斯算法错误率的两倍。对于一些好的 K 值，K 近邻保证错误率不会超过贝叶斯算法错误率。

（3）决策树（Kohonen et al.，2010）：是一种类似树形状的流程

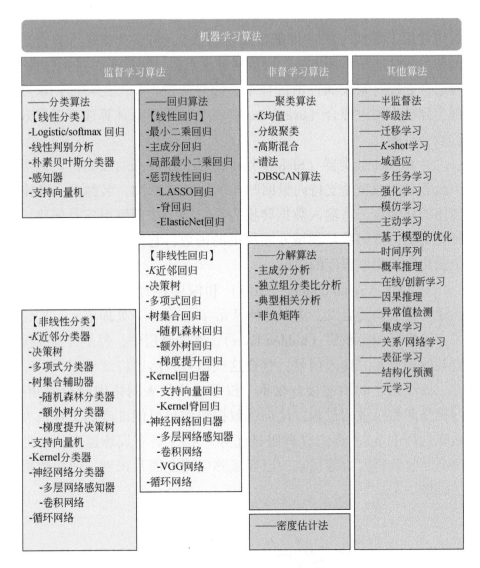

图 4-2　机器学习算法和功能概述

图，这棵树的每个分支都代表一个决策或反应，用于确定一个行动过程或结果。树的结构是为了显示如何以及为什么一个选择会导致下一个选择，分支表明每个选项都是相互排斥的。决策树包含一个根节点、叶节点和分支。根节点是树的起点。根节点和叶节点都包含要解决的问题及决策标准。分支是连接节点的箭头，表示从问题到答案的流程。决策树常用于集成方法（即随机森林算法），将多个树进行整合是提高模型预测性能的常用方法。决策树的优点是计算简单，可解释性强，比较适合处理有缺失属性值的样本，能够处理不相关的特征；缺点则表现为容易出现过拟合（overfitting）现象（随机森林算法可以有效减小过拟合现象）。

（4）Kernel 分类器（Shawe-Taylor and Cristianini，2004）：该类算法中最著名的成员是支持向量回归和 Kernel 脊回归。名称 Kernel 来自其使用的核函数，将输入数据转换为高维表示让问题更容易解决。在某种意义上，核函数是领域专家提供的函数，它接受两个输入并创建一个量化它们相似程度的输出。

（5）ANN（Schmidhuber，2015）和深度神经网络：如图 4-3 所示，受大脑架构的启发，用人工神经元（neuron）（处理单元）构建输入层、输出层和隐藏层（hidden layer）。在隐藏层中，每个神经元接收来自其他神经元的输入信号，整合这些信号，然后将结果用于后续的计算。神经元之间的连接有权重，权重的值代表网络中储存的知识。学习就是调整权重的过程，使训练数据得到尽可能准确的重现。大规模数据处理中 ANN 算法具有明显优势。ANN 具有训练速度快、训练精度高及收敛速度快等优点，已经成熟应用在图片识别、图像数据处理等领域。

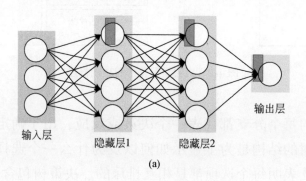

(a)

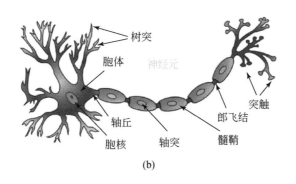

(b)

图 4-3　神经网络模型生物学模拟（a）及其隐藏层（b）

无论哪种模式，大多数算法都不可能完全自主。例如，设定无法通过训练优化的超参数需要通过反复尝试或系统搜索来进行估计。实践中，超参数值的微小变化都可能极大改善或降低机器学习算法的预测能力，因此需要人为予以关注。在确定合适的算法以后，需要对模型结构进行优化。例如，就神经网络的组成架构而言，神经网络隐藏层层数或神经元节点数量越多，训练结果越好，但是这样也会极大地消耗计算资源，还有可能产生过拟合现象。因此，在具体神经网络结构优化的过程中，通常定义下述标准：当神经网络层数或神经元个数不断增加，但回归系数 R 和均方根误差（root mean square error，RMSE）不再发生显著变化时，则停止增加隐藏层或神经元数量。

4.4.3　训练和评估模型

首先，对于神经网络模型一般选用梯度下降等方法来优化神经网络模型中的参数。在模型训练步骤中，数据集被随机分成两个子集，其中一个用于训练（training），另一个用于测试和验证（testing and validation）模型。然后选择评价指标，如预测精度、评分，以及回归效果的平均绝对误差（mean absolute error，MAE）、均方误差（mean square error，MSE）、均方根误差（root mean square error，RMSE）和均方根对数误差（root mean squared logarithmic error，RMSLE），开展模型训练评估。其中 R 与 RMSE 是模型训练的重要评估指标，其计算方法如式（4-1）和式（4-2）所示（Saal et al., 2013）：

$$RMSE = \sqrt{\frac{\sum\limits_{1}^{N}(P_{mesu} - P_{pred})^2}{N}} \qquad (4\text{-}1)$$

式中，P_{mesu} 为实验测量值；P_{pred} 为模型预测值；N 为数据总量。

$$R = \frac{\sum\limits_{1}^{N}(P_{mesu} - \overline{P}_{mesu})(P_{pred} - \overline{P}_{pred})}{\sqrt{\sum\limits_{1}^{N}(P_{mesu} - \overline{P}_{mesu})^2(P_{pred} - \overline{P}_{pred})^2}} \qquad (4\text{-}2)$$

式中，P_{mesu} 为实验测量值；P_{pred} 为模型预测值；$\overline{P}_{mesu}$ 为测量平均值；$\overline{P}_{pred}$ 为预测平均值；N 为数据总量。

特殊情况下，如不平衡类（如 0.1% 为阳性，99.9% 为阴性），可以通过人为定制适合的评估措施（如类加权损失）来处理。这里需要说明的是，算法有很多，应用不同算法后发现，它们间的 RMSE 值差别不大，考虑到实验数据本身的误差，算法误差的影响往往不大。在 Chen 等（2021）的烟气催化材料研究中发现，通过不断调整神经网络的层数和每层神经元的个数，模型的 RMSE 和 R 随神经网络层数和每层神经元个数而变化。如图 4-4 所示，在单层网络的条件下，随着神经元个数从 3 增加到 10，RMSE 明显降低，且 R 显著升高；当神经网络层数增加时，RMSE 的变化并不显著，但优于单层网络的表现，如在三层网络的情况下，RMSE 普遍显著降低。根据这些结果，确定采用三层神经网络中的 6，4，2 结构，即每层分别包含 6 个、4 个和 2 个神经元。虽然 8，4，2 结构的 RMSE 优于 6，4，2 结构，但其变化并不显著，且 R 几乎没有差别，因此，为了节省计算资源以及避免出现过拟合现象，一般选择更简单的 6，4，2 结构用于后续的模型训练与应用。

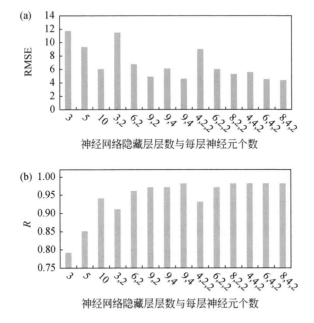

图4-4　（a）神经网络结构与 RMSE 统计关系；（b）神经网络结构与 R 统计关系

4.4.4　模型应用与升级

在获得较好的预测性能后，模型的主要应用在于通过引入遗传算法，能够实现对具有某种特定元素组成的环境材料进行元素或其他相关变量的优化，希望结合神经网络的预测能力与遗传算法的优化能力，实现机器学习指导下新材料的寻找和开发，即依靠机器学习来筛选出具有良好性能的环境材料，通过实验制备和材料表征，利用新产生的表征数据更新数据库，进一步筛选和制备环境材料，通过筛选和制备迭代，优化材料。

4.4.5　机器学习辅助的脱硝催化剂制备

本小节将以环境功能材料中最为常见的烟气脱硝催化剂为例，应用神经网络与遗传算法的机器学习方法，具体介绍机器学习辅助的环境功能材料制备。

1）收集数据和建立模型

目前，与烟气脱硝催化剂相关的论文数量十分庞大。当以 Selective Catalytic Reduction、NO_x 和 Catalyst 作为限制性关键词在文献搜索网站 Web of Science 中进行检索时，获近万篇与之相关的研究论文，这为数据获取提供了巨大的便利。由于论文数量巨大，人工无法胜任全部的数据收集工作，研究过程中我们发现，Mn 元素是烟气脱硝催化剂中最常见的构成元素，因而选择 Mn 作为一个关键词进一步压缩论文数量。这里所获取的研究数据均来自这些论文，但它们所处研究领域的差异，有些论文无法提供所需要的有效数据，因此被排除在外。例如，综述类、工程应用类、机理探讨类论文的关注点并非催化剂本身，无法提供有效实验数据，因此在论文整理及数据收集过程中并未将其纳入考虑范围。另外，某些特殊的以沸石或陶瓷等作为载体的催化剂材料，由于论文通常不提供这些载体的组成信息和形貌结构，这些论文也被排除在外。最终确定了收取数据类型的统一结构，即以每篇论文均能获取的信息来建立原始数据库，这些信息包括特征变量如材料组成（materials composition）、结构信息（structure information）、形貌信息（morphology information）、制备方法（preparation method）和反应条件（reaction condition），以及目标变量如 NO_x 转化效率五种类别。

在确定了获取数据的种类和标准之后，开始从文献中收集数据。仅从数据的角度而言，上述类型信息可被划分成两种数据类别，一种是以数字（numerical）的形式提供的数据，如催化剂的比表面积（BET surface area）、孔径（pore size）、孔体积（pore volume）以及反应过程中的气体含量等；另一种是描述性（descriptive）信息，如制备方法、形貌结构等。其中，催化剂的转化效率随温度而改变的结果通常是以图表的形式呈现在研究成果中，所以需通过数据爬取软件获取表中数据，获取的数据以高维的形式来整理并以数据库形式保存。

以上文构建的数据库为基础,通过运行 ANN 算法、机器学习算法,训练 ANN 模型来构建目标变量 NO_x 转化率与特征变量之间的相关关系。在模型训练步骤中,数据库中的数据被随机分成两个子集,其中一个包含70%的数据,它们被用于训练,另一个包含30%的数据,被用于测试和验证。研究结果发现,ANN 算法能够很好地建立目标变量和特征变量之间的关系,并具有一定的外推能力,能够预测 NO_x 转化率随特征变量变化而变化(Chen et al., 2021)。

2) 筛选催化材料

模型的外推和预测能力可以用来筛选材料。对于烟气脱硝催化剂而言,工业上希望在一个确定的温度区间(如 $100 \sim 300\text{℃}$)内,NO_x 转化效率能够达到最大值,可接近甚至达到100%的 NO_x 转化率。具体是在设定的温度区间内,按照 1℃ 的步长从区间起始点至区间终点,取若干样本点,并以 $N_{\text{total}\{T \in [T_{\min}, T_{\max}]\}}$ 来表示样本点的总数。利用训练的 ANN 模型来预测每一个温度点的 NO_x 转化率和与转化率相对应的影响催化剂性质的自变量,如化学成分、制备方法和条件等。预先设定一个 NO_x 转化率的阈值(记为 Thr,假设为90%),定义模型预测值超过该阈值点的数量为 $N_{s(NO_x\text{Conversion} \geqslant \text{Thr})}$,以及定义一个概率函数表达式 $P(X_i)$,其中 X_i 是影响催化剂性质的变量。然后通过优化算法,如遗传算法,来优化寻找 X_i 组合使该函数达到最大值,即在设定的温度区间内,NO_x 转化率超过所设阈值的点数最多。

$$P(X_i) = \frac{N_{s(NO_x\text{Conversion} \geqslant \text{Thr})}}{N_{\text{total}\{T \in [T_{\min}, T_{\max}]\}}} \tag{4-3}$$

通常的结果是有多种 X_i 组合都能够获得超过 Thr 阈值的催化剂,并至少有一种组合给出最好(Best)的催化效果:

$$X_{i,\text{Best}} = \text{argmax}(P(X_i)) \tag{4-4}$$

式中,argmax 函数表示从目标函数 $P(X_i)$ 中找到可使其取得最大值时的自变量 X_i 的取值结果。由于数据库数据数量和质量的限制及预测的不确定性,$X_{i,\text{Best}}$ 也具有不确定性,需要进一步验证和优化。

3）迭代和优化

材料筛选的精度和可靠性主要取决于数据数量与质量。对于新型材料来说，往往数据十分有限，因此训练的模型和模型筛选的最优自变量 $X_{i,\,Best}$ 具有很大不确定性，需要通过实验来增加数据、改进模型和提高材料筛选精度。由于影响材料性质的自变量很多，需要选择性开展实验，实现数据增补和模型改进效果的最大化。对于前述的烟气脱硝催化剂来说，可以从找到的超过 Thr 阈值的 X_i 组合出发，选择部分或全部 X_i 组合来合成和表征催化剂材料，然后利用新的实验数据更新数据库，应用新的数据库训练模型，应用更新后的模型再次寻找超过 Thr 阈值的 X_i 组合和 $X_{i,\,Best}$，在新一轮寻找过程中可以提高 Thr 阈值，缩小寻找范围，这个过程通过迭代不断优化 X_i 组合，找到 $X_{i,\,Best}$。Chen（2022）的研究表明，这个迭代和优化过程的收敛很快，经过两轮实验和模型迭代，能够找到最优 $X_{i,\,Best}$，并发现了一种新型高效烟气脱硝催化剂。

4.5 挑战与展望

目前有限的应用例子证明数据驱动、机器学习辅助的材料筛选和优化是一种具有巨大应用前景的新型环境功能材料研发方法，通过寻找数据中目标变量和自变量间的关系，筛选新型环境功能材料，并通过实验验证、数据更新和模型迭代寻找最优材料，为加速发现新型环境功能材料提供了一种新思路和新方法。随着数据的积累和智能化方向的进一步完善，该方法有望在未来环境功能材料的开发中发挥主导作用。然而机器学习辅助的材料筛选和优化方法依赖于从大数据中发现变量间的关系，这种关系往往是一种隐式关系，目标变量与自变量间的关系难以和物理过程直接相连，也难以判断各个自变量对目标变量的贡献，属于"黑箱模型"，需要与相关物理理论耦合才能更好地认识数据中的内在科学规律和原理。在环境功能材料研究中，理论驱动和数据驱动的研究方法是基于完全不同的原理。理论驱动的方法是从内在的物理机制（如第一性原理）来预测材料的性能和筛选功能材料，而数据驱动的方法是从数据中的规律来预测材料的性能和筛选功能材料。这两种方法应该是互补的，它们从不同途径去到达相同目标。然而，如何耦合机器学习模型与物理理论和模型，共同驱动环境功能材料开发及揭示内在的物理原理和过程还没有很好的解决思路与方法，亟待研究解决。

机器学习辅助的材料筛选和优化方法的核心是数据。目前主要的挑战是有效数据偏少和不全，因此利用现有数据训练出来的机器学习模型在材料筛选和预测中具有较大的不确定性（Chen et al., 2021）。特别是针对新型研发材料，因为新，所以数据少，除了开展实验和机器学习迭代的方法来增加数据与更新数据库外，如何改进算法和数据有效性，在有限的数据条件下提高机器学习模型的预测精度是当今一大挑战。另外，如何在出版刊物上提供更全面、更规范、更统一的数据也是急需解决的问题。机器学习除了能够从成功实验数据中获取有效信息外，也能从失败实验数据中帮助寻找规律，因此如何统一提供和完善相关成功与失败的数据是数据方面的另一挑战。

第 5 章 环境功能材料性质和性能的原位表征

5.1 引　　言

先进表征方法的开发在揭示环境功能材料构效关系层面发挥着双重作用。一方面，表征技术对于探索功能材料结构形成的热力学和动力学过程至关重要，上述过程在很大程度上取决于材料的性质并影响着功能材料的效用。另一方面，材料性能评估的意义在于分析并减轻负面因素对功能材料性能发挥的不利影响。尽管实施表征的目的略有差异，但是如何提高表征结果的时间和空间分辨率，进而揭示材料宏观、微观结构与特定功能之间内在关联和作用机制，仍是方法学上所面临的核心挑战。为应对上述挑战，亟须开发基于新技术的环境功能材料表征手段。

在众多功能材料中，应用于分离过程的功能型薄膜自 20 世纪以来在诸多领域发挥着愈发重要的作用。膜分离技术的核心是具有特殊微观结构的有机、无机分离膜，其微观结构的形成是高分子材料热力学性质和动力学过程相结合的结果。深入探索分离膜的形成机理对优化分离膜的分离性能具有重要的意义。从工程学角度而言，分离膜的使用涉及复杂的传递过程，而不同传递过程的耦合对分离膜性能有着显著的影响。因此，在优化分离膜的同时，还需要充分掌握相关传递现象的形成与演化规律，进而确定适配分离膜的操作条件。

膜分离技术的飞速发展使其在环境领域的应用也备受瞩目。例如，非对称和复合型分离膜的广泛应用为海水淡化和脱盐带来了巨大的技术革新；分离膜与传统微生物水处理技术的结合让膜生物反应器成为污水治理的有力工具。进一步推动膜分离技术在环境领域中的应用需要对其内在规律有更深层理解和掌握。因此，本章将聚焦于阐述如何利用原位表征技术解析分离膜成膜过程和膜分离过程中的传递现象，并以此为基础进而展望原位表征技术在环境功能材料发展中的广泛应用。

5.2　功能材料原位表征评述

　　尽管显微成像技术提供了一种揭示分离膜次级结构的直接方法，但是采用该技术原位捕捉分离膜次级结构的形成过程并在具体应用场景下探索功能性次级结构（或化学基团）与污染物之间的相互作用仍极具挑战性。一个典型的例子便是利用 SEM 表征膜分离过程，该方法所提供的空间分辨率通常能达到几纳米。在实际操作中，需将分离膜样品从溶剂环境中取出并干燥，随后在其表面喷涂一层极薄的金或铂金镀层；采用聚焦电子束扫描经预处理的样品，便可获得由暴露部分高度差决定的、通过不同对比度体现分离膜微结构的 SEM 图像。而要观测样品内部的微结构，则通常需采用某些机械方法来创建横截面，如将样品置于液氮中冷冻破裂。鉴于"尸检表征"方法的成像机制及其通常需对样品进行预处理，该方法并不适用于涉及瞬时反应和物质快速扩散的成膜过程表征。此外，分离膜上的软物质易受到干燥过程和真空扫描环境的影响，这也限制了 SEM 在表征功能性次级结构与生物质（如蛋白质等，其物质形貌可能由于变性而发生很大变化）之间相互作用方面的应用。

　　可用于解析分离膜次级结构形成或分离膜对料液流动响应的动态效应的非侵入性原位表征技术越来越受到人们的关注，这些非侵入性技术基于不同的机理。例如，当超声波在密度或弹性模量动态变化的介质中传播时，其速度会发生变化；而内部结构的变化与反射或透射信号的到达时间相关，这为探测复杂多相系统的内部变化提供了一种无损型工具。Peterson 等（1998）的早期工作采用超声波时域反射仪（ultrasonic time-domain reflectometer，UTDR）原位测定并量化分析压力驱动过程中分离膜的压密性。Kools 等（1998）则将 UTDR 技术拓展用于实时测量溶剂蒸发致相分离形成分离膜过程中膜厚度的变化。UTDR 在深度方向上的高分辨率取决于样品是否存在使声阻抗发生显著变化的界面，进而影响反射的测量。为了揭示浸入凝胶浴中的铸膜液的结构变化，Cai 等（2011）在随后的研究中开发了超声技术的透射模式。然而，由于透射信号的"积分效应"，该方法无法捕捉分离膜次级结构在深度方向上演化的细节。

基于电信号的表征是非破坏性探测多相系统结构特征的另一种方式。其中，一个典型的例子便是电化学阻抗谱（electrochemical impedance spectroscopy，EIS）的使用，即通过将交流电施加于目标系统并测量相应的电压响应来获得阻抗谱。阻抗谱的分析本质上取决于结构特征如何被等效电路所近似，而等效电路则由串联或并联的电导和电容元件组成；需要通过线性或非线性回归以获得代表结构特征的相应的电导和电容值。例如，Gao 等（2013）建立了一种基于电化学阻抗谱的方法以阐释 FO 过程（一种新兴的海水淡化和水回收技术）中分离膜结构和浓差极化现象之间的相互作用。然而，尚不清楚交变电场是否会影响在流体中（即外部浓差极化，external concentration polarization，ECP）或在 FO 膜的多孔结构内（即内部浓差极化，internal concentration polarization，ICP）的离子迁移，而削弱 ECP 和 ICP 的影响对于提高 FO 过程的效率至关重要。近期，Wang Z X 等（2018）通过测量电阻抗的方法探索了 MD 过程中不同的低表面张力（low-surface-tension，LST）试剂引发的润湿现象。MD 过程利用疏水屏障（即 MD 膜）有效地排斥进料液中的非挥发性成分。该研究通过分析阻抗随时间变化的情况，揭示了 LST 试剂如何改变疏水多孔结构内润湿前锋前进的方式。尽管将电信号用于膜过程表征的方式多种多样，但是基于测量阻抗或阻抗谱的空间变化来解析膜分离过程中的多种现象（包括浓差极化和膜污染等）仍受诸多因素的限制。

与机械波和电波相比，基于光学技术（即利用电磁波）建立的新型表征方法在研究膜分离技术上更具优势。宽场显微技术（widefield microscopy）是在微观尺度上对分离膜或成膜过程进行成像的最直接方法，但是它欠缺区分从不同深度反射或发射的光信号的能力，即不具备光学切片的功能，然而这一缺点可通过不同的方式解决。在 Kang 等（1991）的早期研究中，为了观察浸入凝胶浴中的铸膜液的相分离，铸膜液液滴被夹载在两片载玻片之间以创建铸膜液的横截面视图，并通过将凝固剂引导到夹层中的铸膜液边缘来诱发凝胶，利用宽场显微镜对凝胶过程进行连续成像。尽管此方法不失为一种原位表征成膜动力学的有效方法，但是载玻片夹层给铸膜液带来的限制是否会改变相分离过程仍难以言明。除了表征成膜过程外，宽场显微技术还可被用于探索膜渗滤过程中的污染现象。Li 等（1998）将宽场显微镜置于渗透液侧，采用直接透过分离膜观察的方式（directly observe through the membrane，DOTM）探测胶体颗粒在进料液和分离膜交界面的初始沉积。但是，该技术仅适用于观察湿润时呈透明状态的分离膜的过滤过程，并且其对沉积颗粒的观测仅限于进料液–分离膜界面，故而无法测量过滤过程中滤饼层厚度的变化。

与宽场成像相比，逐点扫描的优势给光学显微技术带来了进一步提升。例如，共聚焦显微技术能够通过在共轭平面上使用针孔（与用于聚焦入射光的针孔相匹配）来"淬灭"失焦光，从而具备对半透明介质进行光学切片的功能，在分离膜形成和分离膜过滤的无损表征中发挥着重要作用。为提高识别不同生物物种的能力，通常将共聚焦显微技术与荧光标记相结合。因此，激光扫描共聚焦显微（confocal laser scanning microscopy，CLSM）技术被广泛用于研究水和废水处理中膜生物反应器（membrane bioreactor，MBR）的生物污染行为（如探究膜表面形成的含生物质的污染层）（Tow et al.，2022）。在 Teng 等（2020）近期的综述中，除了表征 MBR 中的生物膜外，基于 CLSM 的技术也被用于各种功能材料的表面和内部微结构的检测与成像。Wang Z K 等（2016）在其研究中利用聚集诱导发光（aggregation-induced emission，

AIE）荧光素标记壳聚糖以实现热诱导凝胶化过程的原位可视化，更好地揭示链段间或链段内氢键的形成对凝胶化行为的影响。然而，由于 CLSM 所使用的探测光波长相对较短，其穿透深度受到一定的限制；此外，将 CLSM 与液体环境中的诱导凝胶化过程（即浸没沉淀过程）相结合仍有较大的挑战性。

另一种基于逐点扫描的光学技术是 OCT 技术。该技术诞生于 20 世纪 90 年代初期，目前已广泛应用于医学诊断领域（Fercher et al., 1991；Fercher, 2010）。在光学切片工具中，尽管 OCT 与 CLSM 有部分相似之处，但两者的内在成像机理却截然不同。具体而言，OCT 不是通过匹配针孔来"过滤"失焦光，而是通过低相干干涉（low coherence interference，LCI）来获得深度方向分辨率。如图 5-1 所示，在由样品和参比镜反射的光束重组产生的干涉图中，低相干光会产生相对较短的相干长度（或相对较短的相干时间）。通过移动参比镜可实现低相干干涉，再利用逐点扫描的方式获得 OCT 光强的空间变化情况，这种扫描方式被称为时域 OCT（time-domain OCT，TD-OCT）。而当参比镜固定时，则可利用某种方法（如使用如图 5-2 所示的衍射光栅）将重组光束分解成不同频率，并通过快速傅里叶变换（fast Fourier transform，FFT）来生成干涉图，这种扫描方式被称为傅里叶域 OCT（Fourier-domain OCT，FD-OCT）。由于 FD-OCT 能够同时获得深度方向的空间变化，即以二维的方式进行三维扫描，从而可在扫描速率上较逐点扫描获得一个数量级的提升。此外，OCT 光源的中心波长通常在近红外范围内，这有利于探测光穿透到半透明介质内更深的位置。

基于 OCT 的表征在膜分离领域备受关注。这一技术不仅可以用于开发具有定制化和功能化微结构的新型分离膜，还可通过优化各种传质过程提高膜的分离效率。在过去的十年中，研究人员在开发基于 OCT 方法的膜污染表征方面付出了大量努力。例如，Li 等（2016）利用 OCT 数据集创建了一系列数字化滤饼层（这些滤饼层由超滤过程中动态沉积在分离膜表面的污染物形成），并利用 OCT 技术在不同方向

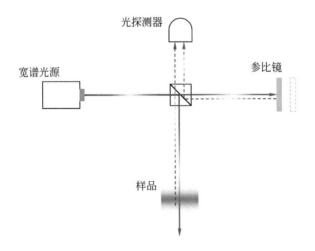

图 5-1　TD-OCT 系统示意

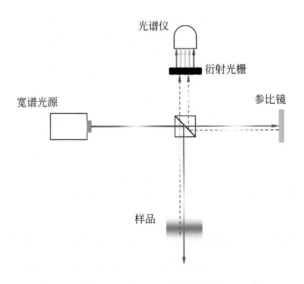

图 5-2　FD-OCT 系统示意

上的微米级分辨率和高扫描速率，首次对扰动边界层中产生的条纹现象进行了原位表征和分析。膜蒸馏是一种有望用于处理高盐废水的技术。近期，Liu 等（2022）利用 OCT 进一步探索了在膜蒸馏过程中硫酸钙结垢导致的晶体–分离膜相互作用。相比膜过程方面的探索，基于

OCT 的成膜过程表征研究仍处于起步阶段。Li W Y 等（2020）采用
OCT 原位 IP 过程，对该成膜过程进行了初步探究。尽管 OCT 的分辨
率不足以将由 IP 形成的极薄的聚酰胺薄膜可视化成像，但可以通过对
OCT 数据集进行数值分析来区分 IP 过程的不同阶段。通过改进上述表
征方法，Tu 等（2021）系统地研究了通过浸没沉淀法制备壳聚糖分离
膜的成膜动力学，该成膜方法是制备具有各种多孔次级结构的分离膜
的最常用的方法之一（Guillen et al., 2011）。除了捕捉凝胶前锋的移
动外，对 OCT 数据集的数值分析还能够揭示壳聚糖凝胶过程的
Liesegang 现象，该现象表明凝胶过程中聚合物链段存在扩散和固化之
间的竞争。

通过上述介绍可知，各种表征技术不仅在开发具有功能性次级结
构的分离膜方面发挥着重要作用，而且对于优化分离膜在不同应用场
景下的分离效果方面也发挥着重要作用。这些不同表征技术的比较突
显了 OCT 在原位表征成膜动力学和膜污染过程中的优势。为了更好地
理解 OCT 表征方法，本章将在傅里叶光学的基础上对 OCT 技术的基础
知识进行公式化地梳理，并结合具体实例详细展示如何将 OCT 表征应
用于成膜过程和过滤性能的研究，进而阐释如何将原位表征用于环境
功能材料的研究。

5.3　通过低相干干涉实现光切片功能的原理

OCT 最具吸引力的功能便是可以利用低相干干涉技术，即基于低
相干光源和迈克尔逊干涉标准系统相结合的方法，对半透明介质进行
光学切片。运用该技术的关键在于如何调节光信号以创建一个"相干
阀门"，使其作为不同深度反射回来的光信号的过滤器。低相干干涉技
术的潜在机理可通过多种方法（Schmitt and Knuttel, 1997）进行公式
化阐述，这些公式化阐述为解释和分析复杂光学现象的内在机理提供
了一种方便的数学工具，而将傅里叶分析与线性系统理论相结合是一
种常见且有效的信号分析方法。本小节旨在采用基于傅里叶分析的方

法对描述不同干涉现象的数学公式进行推导和解读。该推导从一个简单的例子开始,这个例子通过将迈克尔逊干涉(即使用单色光源的干涉)的标准进程与用解析信号表示的电磁场(即一种无负频率分量的信号的复数形式)进行公式化以展示其数学背景;随后将该分析框架进行拓展,解释在采用时域(模拟 TD-OCT)或频域(模拟 FD-OCT)的模式下低相干性光源发生干涉的基本原理。

为简便起见,当采用单色光源时,电磁场在 z 方向上的一维传播(即从光源发射的平面波)可以用复数形式描述为

$$E = \hat{E}e^{2\pi i(sz-vt)} \tag{5-1}$$

式中,$\hat{E}$ 表示电场振幅,而波的传播特征取决于空间频率 s(即波长 λ 的倒数)和时间频率 v;这两种频率实际上均与真空中的光速 c 有关,即

$$s = \frac{v}{c} = \frac{1}{\lambda} \tag{5-2}$$

半透明样品可等效为由一系列在不同深度方向上的反射体组合而成。每个反射体有特定的电场反射率 r,

$$r = \sqrt{R}e^{i\phi} \tag{5-3}$$

式中,ϕ 表示相位角的变化;R 被称作功率反射率。基于此,从某个反射体反射回来的光(以下标 s 标注)可表述为

$$E_s = \frac{r_s}{\sqrt{2}}\hat{E}e^{2\pi i(s2z_s-vt)} \tag{5-4}$$

需要注意的是,本例中假定分光镜的消色差(即与波长无关)功率分流比为 0.5。另外,分光束的另一部分射向参比镜,其反射光(以下标 r 标注)可表述为

$$E_r = \frac{r_r}{\sqrt{2}}\hat{E}e^{2\pi i(s2z_r-vt)} \tag{5-5}$$

若假定到达传感器的电场(以下标 d 标注)为从反射体和参比镜反射回来的电磁场的线性组合,即可将其表述为

$$E_d = E_r + E_s = \frac{1}{\sqrt{2}}\hat{E}\left(r_r e^{4\pi i s z_r} + r_s e^{4\pi i s z_s}\right) e^{-2\pi i v t} \tag{5-6}$$

然而，由于电磁场振荡的频率极高，传感器测量的电场强度 I 应为系综平均值或等效于传感器响应时间内的积分（以角括号表示）：

$$\begin{aligned}
I &= \langle E_d \overline{E_d} \rangle \\
&= (E_r + E_s)\overline{(E_r + E_s)} \\
&= \frac{1}{2}\hat{P}\left(r_r \overline{r_r} + r_r \overline{r_s} e^{-4\pi i s(z_s - z_r)} + r_s \overline{r_r} e^{4\pi i s(z_s - z_r)} + r_s \overline{r_s}\right)
\end{aligned} \tag{5-7}$$

式中，$\hat{P}$ 表示功率谱密度，且

$$\hat{P} \equiv \langle \hat{E}\,\overline{\hat{E}} \rangle \tag{5-8}$$

若将电场反射率的表达式代入式（5-7），复数函数可以转换为由余弦函数表示谐波部分的实数形式，即

$$\begin{aligned}
I &= \frac{1}{2}\hat{P}\left(R_r + R_s + \sqrt{R_r R_s}\,e^{-i(\phi_s - \phi_r)} e^{-4\pi i s(z_s - z_r)} + \sqrt{R_r R_s}\,e^{i(\phi_s - \phi_r)} e^{4\pi i s(z_s - z_r)}\right) \\
&= \frac{1}{2}\hat{P}\left\{R_r + R_s + 2\sqrt{R_r R_s}\cos\left[4\pi s(z_s - z_r) + (\phi_s - \phi_r)\right]\right\}
\end{aligned} \tag{5-9}$$

式（5-9）表明，当改变参比镜的位置使反射体和参比镜之间的相对位置发生变化并产生条纹时，测得的电场强度将迅速振荡。此外，无论反射体和参比镜之间的相对距离如何变化，产生的条纹均具有一致性，即干涉图具有恒定的振幅。需要注意的是，若振荡频率过高，传感器将无法在识别波峰和波谷的意义上对振荡进行解析。因此，当干涉中涉及多个反射体时，不同反射体产生的干涉图会以某种方式"合并"以抵消电场强度的空间变化（图5-3）。就此而言，当使用单色光进行干涉时，其在深度方向上并不具备分辨率。

低相干性光源可以被描述为具有不同频率的光分量的组合，即功率谱密度应该是空间频率的函数。功率谱密度的傅里叶变换是其相应的自相关函数，其计算公式为

$$\Gamma(z) = \int_{-\infty}^{+\infty}\hat{P}(s)\,e^{2\pi i s z}\mathrm{d}s = \int_{0}^{+\infty}\hat{P}(s)\,e^{2\pi i s z}\mathrm{d}s \tag{5-10}$$

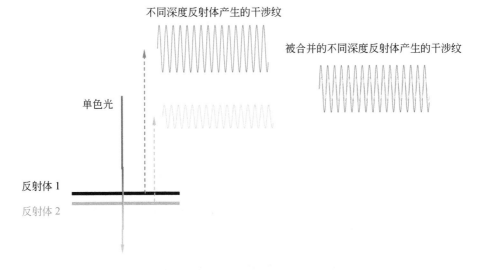

图 5-3　单色光源从不同深度反射体产生干涉纹的示意

传感器测得的强度应为低相干性光源所涉及的不同频率对应的强度分量之和，即总测量强度 I_t 可以通过在本例中式（5-7）在空间频率上的积分获得

$$
\begin{aligned}
I_t &= \int_{-\infty}^{+\infty} I(s)\,\mathrm{d}s \\
&= \int_{-\infty}^{+\infty} \frac{1}{2}\hat{P}(s)\left(r_r\overline{r_r} + r_s\overline{r_s} + r_r\overline{r_s}\,\mathrm{e}^{-4\pi i s(z_s-z_r)} + r_s\overline{r_r}\,\mathrm{e}^{4\pi i s(z_s-z_r)}\right)\mathrm{d}s \\
&= \frac{1}{2}\Big[\left(r_r\overline{r_r} + r_s\overline{r_s}\right)\Gamma(0) + r_r\overline{r_s}\Gamma(-2(z_s-z_r)) \\
&\quad + r_s\overline{r_r}\Gamma(2(z_s-z_r))\Big]
\end{aligned}
$$

$$(5\text{-}11)$$

式（5-11）表明，测得的总强度由低相干性光源的自相关函数决定。为了以更明确的方式将测得的总强度与自相关函数相关联，假设低相干性光源的功率谱密度可以用高斯函数（描述正态分布的函数）来描述，即

$$
\hat{P}(s) \approx \frac{1}{\sigma_P\sqrt{2\pi}}\mathrm{e}^{-\frac{(s-s_c)^2}{2\sigma_P^2}}
$$

$$(5\text{-}12)$$

式中，s_c 表示中心空间频率（或空间频率的平均值）；σ_P 表示正态分布的标准差。相应地，可得到如下自相关函数：

$$\Gamma(z) = e^{-2\pi^2\sigma_P^2 z^2} e^{2\pi i s_c z} \tag{5-13}$$

式（5-13）清晰地表明自相关函数的模量也是高斯函数，其标准差与功率谱密度的标准差可以关联为

$$\sigma_\Gamma = \frac{1}{2\pi\sigma_P} \tag{5-14}$$

将式（5-13）代入式（5-11）中得到总强度公式：

$$I_t(z_r) = \frac{1}{2}\left\{ R_r + R_s + 2\sqrt{R_r R_s}\, e^{-8\pi^2\sigma_P^2(z_s-z_r)^2} \cos\left[4\pi s_c(z_s-z_r)+(\phi_s-\phi_r)\right]\right\} \tag{5-15}$$

式（5-15）清晰地表明，低相干性光干涉产生的条纹"受限于"一个高斯函数，也就是说，当反射体和参比镜之间的相对位置大于高斯函数的标准偏差值时，条纹会被大幅"压低"。当自相关函数的高斯分布较窄时，只有当参比镜的光程接近反射体的光程时，传感器才能检测到反射体的信号。因此，通过创建"相干阀门"以获得深度分辨率是 TD-OCT 的基本原理。此外，式（5-14）还表明功率谱密度的高斯函数和自相关函数是相关的。功率谱密度的标准偏差可表述为

$$\sigma_P = \Delta s = \Delta\left(\frac{1}{\lambda}\right) = \frac{1}{\lambda_c + \dfrac{\Delta\lambda}{2}} - \frac{1}{\lambda_c - \dfrac{\Delta\lambda}{2}}$$

$$= \frac{\Delta\lambda}{\left(\lambda_c - \dfrac{\Delta\lambda}{2}\right)\left(\lambda_c + \dfrac{\Delta\lambda}{2}\right)} \approx \frac{\Delta\lambda}{\lambda_c^2} \tag{5-16}$$

式中，假定带宽 $\Delta\lambda$ 远小于中心波长 λ_c。因此，自相关函数的标准偏差由式（5-17）给出：

$$\sigma_\Gamma \approx \frac{1}{2\pi}\frac{\lambda_c^2}{\Delta\lambda} \tag{5-17}$$

式（5-17）表明，如果增加光源的带宽，自相关函数的高斯分布将较狭窄；当中心波长移到更大的值时，需要更大的带宽才能达到相同的

深度分辨率。

从反射体和参比镜反射回来的叠加电场还可通过另外一种方法进行处理，即用衍射光栅将光分解成不同的频率分量，这些分量由光谱仪作为传感器进行检测，而后通过执行 FFT 将获得的光谱转换为依赖于空间变量的强度函数。此方法在数学上等效于直接将测得的强度作为空间频率的函数进行傅里叶变换，即

$$
\begin{aligned}
I_F(z) &= \int_{-\infty}^{+\infty} I(s)\,e^{2\pi isz}\,ds \\
&= \int_{-\infty}^{+\infty} \frac{1}{2}\hat{P}(s)\left[r_r\overline{r_r} + r_s\overline{r_s} + r_r\overline{r_s}e^{-4\pi is(z_s-z_r)} + r_s\overline{r_r}e^{4\pi is(z_s-z_r)} \right]e^{2\pi isz}\,ds \\
&= \frac{1}{2}\big\{ (r_r\overline{r_r} + r_s\overline{r_s})\Gamma(z) + r_r\overline{r_s}\Gamma[z - 2(z_s - z_r)] \\
&\quad + r_s\overline{r_r}\Gamma[z + 2(z_s - z_r)] \big\}
\end{aligned}
$$

(5-18)

式（5-18）也可用卷积形式表达：

$$
\begin{aligned}
I_F(z) = \frac{1}{2}\Gamma(z)\otimes\big\{ &(r_r\overline{r_r}+r_s\overline{r_s})\delta(z)+r_r\overline{r_s}\delta[z-2(z_s-z_r)] \\
&+ r_s\overline{r_r}\delta[z+2(z_s-z_r)]\big\}
\end{aligned}
$$

(5-19)

式中，卷积用符号 $\otimes$ 表示，$\delta(z)$ 表示狄拉克 δ 函数。在这种情况下，自相关函数扮演着点扩散函数的角色，其卷积会"涂抹"由狄拉克 δ 函数的位移所决定的空间变化。卷积效应可通过缩减自相关函数的分布以实现最小化。

当调用高斯假设时，式（5-18）可改写为

$$
I_F(z) = \frac{1}{2}\left[\begin{array}{l} (R_r+R_s)\,e^{-2\pi^2\sigma_P^2 z^2}\,e^{2\pi is_c z} \\ +\sqrt{R_rR_s}\left(\begin{array}{l} e^{-i(\phi_s-\phi_r)}\,e^{-2\pi^2\sigma_P^2(z-2(z_s-z_r))^2}\,e^{2\pi is_c(z-2(z_s-z_r))} \\ +e^{i(\phi_s-\phi_r)}\,e^{-2\pi^2\sigma_P^2(z+2(z_s-z_r))^2}\,e^{2\pi is_c(z+2(z_s-z_r))} \end{array} \right) \end{array} \right]
$$

(5-20)

需要注意的是，经傅里叶变换的强度是一个复数函数，若假定 σ_Γ 远小于 z_s，其模量可近似由式（5-21）计算：

$$
|I_F(z)| \approx \frac{1}{2}\left[(R_r+R_s)\,e^{-2\pi^2\sigma_P^2 z^2} + \sqrt{R_rR_s}\left\{ e^{-2\pi^2\sigma_P^2(z-2(z_s-z_r))^2} + e^{-2\pi^2\sigma_P^2[z+2(z_s-z_r)]^2} \right\} \right]
$$

(5-21)

式（5-21）表明，用于检测反射体的、经傅里叶变换的强度的模量可被分解为三个部分，这三个部分均由自相关函数的高斯函数确定。第一个高斯函数通过反射体和参比镜的功率反射率之和进行缩放，以原点为中心；另外两个高斯函数实际上是彼此的镜像，并由反射体和参比镜的功率反射率乘积的平方根缩放，以原点为中心，且两个高斯函数之间的距离由反射体和参比镜之间的相对位置确定。因此，对于原点，空间域中强度的变化根据反射体和参考镜之间的相对位置映射反射体的反射率；区分位于不同深度的反射体信号的能力取决于定义了相干长度（图 5-4）的高斯函数的标准偏差。

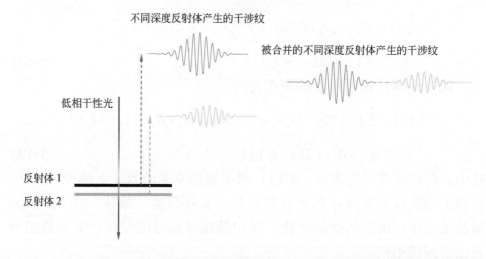

图 5-4   低相干性光源从不同深度反射体产生干涉纹的示意

式（5-21）对于理解如何在数学层面上解析 FD-OCT 系统中深度方向上的空间变化至关重要。如推导所示，测量强度对空间域（即局部反射率的空间变化）的依赖性是通过执行傅里叶变换而非改变参比镜的位置获得的，虽然此种方法在进行深度方向上的扫描时避免了通常较为耗时的机械操作，但进行傅里叶变换将不可避免地产生数值伪影。除了原点处的"修正"之外，还存在一个可能与"真实"图像重叠的翻转图像，重叠与否取决于反射体和参比镜之间的相对位置。尽管如此，逐线扫描所获得的更快的扫描速率有助于捕获特定材料的功能性微观结构的形成及其使用过程中所涉及的动态效应。式（5-21）还表明，对于时域和傅里叶域分析方法，深度分辨率由功率谱密度的分布决定，其傅里叶变换定义了空间域中的相干长度。因此，深度分辨率与定义横向分辨率的镜口率（即数值孔径）无关；增加光源的带宽（或等效地降低光源的相干性）是提高深度分辨率的有效方法。

5.4　基于 OCT 的分离膜制备表征

5.4.1　应用 OCT 表征成膜过程的评述

为了适配不同的应用场景，可通过多种方法制备具有功能性微结构的分离膜。浸没沉淀是较为常用的一种湿法铸膜方法，该方法已被广泛用于制备具有不对称多孔结构的分离膜。浸没沉淀的主要步骤是将铸膜液（即含有聚合物的溶液）浇铸成液膜，随后将其浸入凝固浴中以诱导液膜中的聚合物发生相转化，从而获得聚合物网络层；凝固条件可显著改变凝固过程的热力学和动力学，因此，通过湿法铸膜形成的多孔次级结构高度依赖于凝固条件。有鉴于此，原位表征对于探索具有功能性微结构的聚合物薄膜的凝固过程发挥着重要作用。

为制备分离膜，通常需用有机溶剂溶解高分子聚合物，而这些有机溶剂大多具有非质子性和毒性，如 DMF、NMP 等，而纯水作为非溶剂则一般充当凝固浴。由于溶剂和非溶剂的混溶性，当含有聚合物的液膜与凝固浴接触时，将会引起溶剂和非溶剂的快速交换。溶剂-非溶剂的交换将改变铸膜液中各组分的含量，当组分含量位于相图中由双节线和旋节线构成的不稳定和亚稳态区域时，铸膜液发生相分离，这种凝固过程被称为 NIPS。在 NIPS 的基础上，Willott 等（2020）近期提出了 APS 的概念。APS 同样基于湿法铸膜，其主要特点是铸膜液和凝固浴均为水溶液。APS 过程中，聚合物被溶解在水溶液中，因此将另外一种水溶液凝固浴称为非溶剂并不恰当。目前已知的、可导致 APS 的具体机理种类繁多。

合成聚电解质和天然聚电解质都可以通过基于 APS 的方法制备多孔分离膜。这是因为其可以轻易地通过改变 pH、离子强度和其他物理化学性质来调节聚电解质在水溶液中的溶解度。与合成聚电解质相比，天然聚电解质具有储量丰富、可再生性以及可生物降解性等一系列优质特性，这使以其为原料的废弃分离膜的处理效率更高，因此天然聚电解质的使用有望减少分离膜的环境足迹乃至实现可持续发展。一个典型的例子是通过湿法铸膜制备壳聚糖多孔分离膜。壳聚糖是一种由甲壳素中的乙酰氨基-2-脱氧-β-D-吡喃葡萄糖单元去乙酰化获得的线性多糖，同时也是储量仅次于纤维素的生物聚合物，被认为是一种极具价值的功能性材料。由于质子化作用，富含氨基的壳聚糖可溶解在稀酸水溶液中。近期，一种通过多次冻融使壳聚糖溶解在碱性水溶液中的新型壳聚糖溶解方法被成功开发。尽管上述两种方法的溶解机理不同，但所制备的铸膜液与水溶液接触时均会发生凝胶化。因此，可以在 APS 的理论框架下进行壳聚糖凝胶化的研究。APS 的凝胶化速率通常相对较慢（与 NIPS 过程中的凝胶化速率相比），故而有利于提高原位表征时的时间分辨率。例如，Tu 等（2021）探索了利用 OCT 技术原位表征壳聚糖分离膜的成膜动力学。该研究创造性地将 OCT 系统与湿法铸膜相结合，并建立了一系列用于分析 OCT 数据集的数值算法，后续将对该研究进行更为详细的介绍。

5.4.2 OCT 与湿法成膜过程的集成

将涂覆有铸膜液的玻璃板浸入凝固浴中会导致凝固浴自由表面的强烈扰动，进而造成正发生凝胶过程或已完成凝胶的液膜上方的自由液面受到扰动，致使 OCT 图像不稳定。具体而言，液体厚度的频繁变化会随机改变样品臂中的光程长度，从而导致画面的光学性晃动。因此，简单地将 OCT 置于凝固浴表面上方来进行原位表征是一种不恰当的做法。为了最大限度地减少涂覆有铸膜液的玻璃板在浸入过程中造成的干扰，需要设计一个特制的微型凝胶装置，以便于通过一系列OCT扫描来动态捕捉高分子的凝胶化过程。如图 5-5 所示，该微型凝胶装置的关键组成部分是一个不锈钢容器，除了作为玻璃板浸入入口的右上角之外，该容器的上表面几乎是全封闭的；具有抗刮擦性的光学窗口（如蓝宝石玻璃窗口）设置在容器上壁的中心，由 OCT 系统发出的探测光束通过该窗口进入凝固浴。

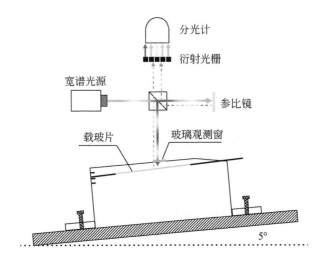

图 5-5　微型凝胶浴与 OCT 系统集成的示意（Tu et al., 2021）

当凝固浴充满该不锈钢容器时，相对固定的玻璃–液体界面取代了先前自由的气液界面，从而可保持该界面的稳定，使其免受浸入过程中液相扰动所造成的影响。值得注意的是，为了减小空气–玻璃界面处形成的强反射，提高玻璃窗口下方反射信号的质量，装有凝固浴的容器被安装在略微倾斜的平台上（平台倾斜角度约为 5°），这种倾斜的观测方式一定程度上还"匹配"了容器右角上的开放式浸入入口。此外，在该测试中，含有聚合物的铸膜液被浇铸在常规载玻片上，而不是面积更大的玻璃板上。为了浸入后使液膜位于靠近玻璃窗口的观测位置，需要将涂覆有铸膜液的玻璃载玻片固定在一个可拆卸的平板上，该平板可以插入微型凝胶装置中，其一端能被固定在容器的左壁上，而另一端则由浸入入口的右边缘支撑（图 5-5）。尽管该微型凝胶装置为 OCT 扫描提供了稳定的液相环境，但是由于液膜与凝固浴接触后仍需一定时间固定可拆卸平板，无法马上开始 OCT 扫描，这导致扫描开始时刻较之于反应开始时刻存在短暂的"停机时间"，从而造成部分初始凝胶信息缺失。

将 OCT 系统与微型凝胶装置相结合的另一个问题在于，扫描开始之前需要花费大量时间确保探测光束聚焦在浸入的液膜上。尽管 OCT 的纵向分辨率与聚焦无关，但在失焦区域内入射光的强度会显著降低。因此，需要进行牺牲性质的预试验对探测光束进行预聚焦。此外，为了应对"停机时间"（通常少于 2s）所造成的延迟，应尽早启动 OCT 扫描，以求尽可能地捕捉初始凝胶信息及最大限度地减少时间延迟。为了获取覆盖区域足够大的 OCT 数据集并进行统计分析，OCT 扫描均匀分布在一个矩形区域内，其短边与容器倾斜的方向平行；该方式可以减少装置倾斜所造成的光强度变化，同时增加对样品不同位置的扫描、提高数据的代表性。FD-OCT 的原理表明，通过在一个光点（该光点的大小由 OCT 系统的横向分辨率决定）处进行扫描，可以瞬时获得该点处的深度剖面。因此，在矩形区域内移动探测光束会生成一个三维数据集，即三维矩阵。该三维矩阵中的每个元素（也称体积像素）对应一个体积，其尺寸分别由横向分辨率和纵向分辨率决定；每个体积像素的值称为 OCT 强度，该强度与局部反射率在一定程度上成正比关系（或在对数缩放的意义上成正比关系）。

5.4.3 基于 OCT 数据集的成膜动力学解析

为了对由 OCT 强度构成的三维矩阵进行数值分析，需要建立一个基于湿法铸膜系统而非基于探测光束光路的坐标系。如图 5-6 所示，可在成膜物系中建立一个笛卡儿坐标系。具体而言，该坐标系的 x-y 坐标面与载玻片平行，而载玻片表面则被设置为零坐标面；坐标面的

x 轴和 y 轴分别与 OCT 扫描的矩形区域的长边和短边平行，而 z 轴的正方向则指向载玻片表面上方的液膜。值得注意的是，一系列 x-y 坐标面之间的最小间隔是由 OCT 系统的纵向分辨率决定的（在水中通常约 $2\mu m$），也就是说，x-y 坐标面将以离散的方式定义并由整数标记（例如，0、±1、±2 等）。

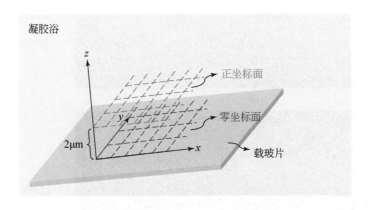

图 5-6   建立用于分析成膜过程的笛卡儿坐标系的示意图（Tu et al., 2021）

分析 OCT 数据集的最直接方法是通过生成断层图像（tomographic images）来可视化 OCT 强度矩阵，而这些断层图像对应于由 x 和 z 轴定义的平面。Tu 等（2021）通过将壳聚糖溶解在碱-尿素溶液中制备铸膜液，并将涂覆有铸膜液的载玻片浸入盛满纯水的微型凝固浴装置中，采用 FD-OCT 系统（GAN620C1，Thorlabs，USA）对液膜进行连续扫描，利用不同时刻获得的 OCT 数据集生成一系列断层图像。如图 5-7 所示的断层图像清楚地表明，随着胶凝时间的增加，初始的"透明"液膜将逐渐变得"可见"。初始的"透明"液膜表明，在凝胶发生前液膜具有与水相近的反射率，而液膜的微观不均匀性会导致液膜中有一些离散分布的散斑。当凝胶抑制剂（即碱和尿素）以扩散的方式从液膜中被移除时，分散的壳聚糖链段受到化学势梯度的驱动而呈现"上山式"扩散（uphill diffusion），形成聚合物富集相和聚合物贫相。不同微相的形成将在液膜内产生较为清晰的界面（即两个区域边界的反射系数相差较大），从而显著增加 OCT 系统检测到的光强度。
然而，由于很难从断层图像中定量获得定量信息，难以对凝胶过程有
更深的了解。

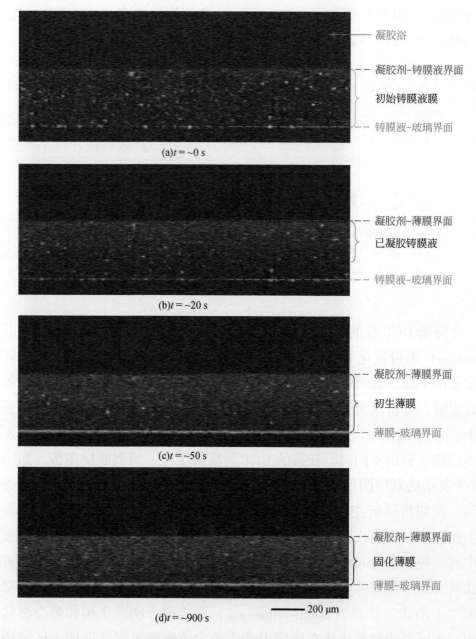

图 5-7 壳聚糖液膜凝胶的 OCT 断层图时间序列（Tu et al., 2021）

另外一种用 OCT 数据集量化凝胶化过程的方法是根据与载玻片平行的一系列 x-y 坐标面分析三维矩阵中的体积像素。具体而言，可将每个 x-y 坐标面中的所有体积像素的强度平均值称为该坐标面的面平均光强度（surface-averaged intensity，SAI），根据 SAI 值在深度方向上的变化绘制一条 SAI 剖面曲线。在获得不同时刻的 SAI 剖面曲线的基础上，即可通过对比特定时刻与零时刻的 SAI 剖面曲线来反映凝胶化过程的演变。Tu 等（2021）在同一研究中也提供了此方法的示例，量化分析了溶解在碱-尿素水溶液中的壳聚糖液膜逐渐凝胶化形成多孔分离膜的过程。由图 5-8 可明显看出，零时刻 SAI 剖面曲线中的凸起段表明薄膜的凝胶边界几乎瞬时形成，而薄膜边界下方 x-y 坐标面的 SAI 值增加则清晰地反映了凝胶区域的逐渐渗透过程；除此之外，通过比较 SAI 剖面曲线还可以量化薄膜边界和聚合物扩散前锋的移动。而传统的、通过"夹层"的方式创建铸膜液凝胶过程横截面图像的方法（Qin et al.，2006）则难以捕捉薄膜边界和聚合物扩散前锋的移动。因此，Tu 等（2021）的研究也证实了基于 OCT 的表征可使凝胶条件更加匹配实际膜制备工艺。

OCT 表征的另一个优点是能够将相转化的程度解析为在液膜中不同深度上时间的函数。需要注意的是，薄膜边界可能会随着时间推移而移动（Tu et al.，2021）。因此，当基于固定参考系进行观察时，聚合物链段的扩散也会使 OCT 强度发生变化。为了尽可能地减少扩散对 OCT 信号的影响，观测坐标系应随着薄膜边界位置的改变而进行相应的变化。这意味着，可根据液膜的动态厚度（即玻璃载玻片表面和移动膜边界之间的距离）对液膜中某一特定深度（即某一特定点与移动薄膜边界之间的距离）进行缩放，从而以相对深度为基准评估铸膜液的转化。根据该数学定义，将移动薄膜边界和载玻片表面处的相对深度分别设为 0 和 1。图 5-9 显示了三个不同相对深度下归一化后 SAI 的变化。可以明显看出，初始转化率（即凝胶化阈值处曲线的斜率）随着相对深度增大而逐渐减小。此外，增加相对深度也会使凝胶化阈值出现的时间延后。确定凝胶化阈值与相对深度的依存关系提供了一种

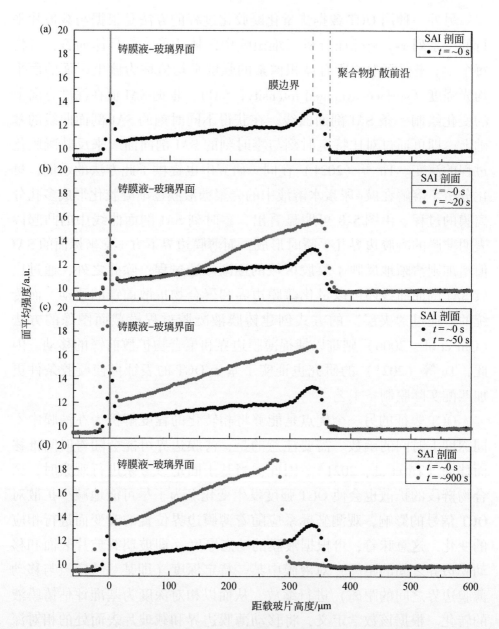

图 5-8　壳聚糖液膜凝胶的 SAI 剖面曲线时间序列（Tu et al., 2021）

从数值角度上更精确地建立凝胶前锋与凝胶时间之间关系的方法，该方法可作为评估湿法铸膜相转化过程的重要工具。例如，可以通过检查凝胶前锋的平方与凝胶时间之间的线性关系，从而验证凝胶剂（或APS 过程中的凝胶抑制剂）扩散的驱动力是否为凝胶层两侧浓度差（忽略对流传递的影响）。

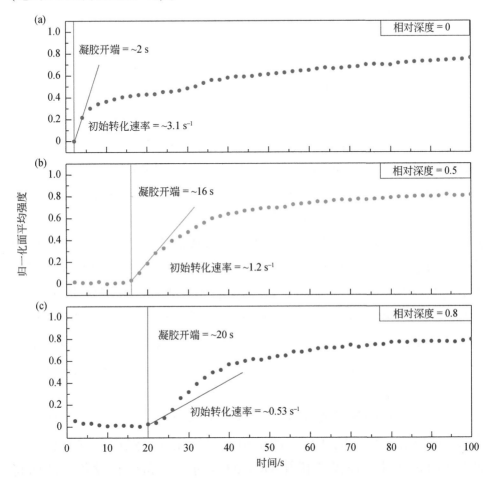

图 5-9　壳聚糖液膜中不同相对深度处依据归一化 SAI 生成的转化曲线（Tu et al., 2021）

5.4.4　基于 OCT 数据集的微观结构演化解析

除了利用 SAI 进行评估，还可以通过 x-y 坐标面的数值变化对 OCT 数据集进行更多的量化分析。以壳聚糖的凝胶成膜为例，其断层图像表明，OCT 数据集中体积像素强度在凝胶化后会显著增加，故可根据 SAI（即坐标面的平均值）和零时刻背景值的相对标准偏差来确定某一体积像素是否发生凝胶化。具体而言，如果某时刻某一体积像素强度大于零时刻该坐标面的 SAI 与其两倍标准偏差之和（即超出 95% 置信区间），则该体积像素将被认定为一个正异常点（positive anomaly，PA）。根据上述标准，x-y 坐标面中的 FPAs 可用于衡量凝胶液膜特定深度处由聚合物富集相所主导的区域占比。通过评估不同深度处的 FPAs，可以创建特定时刻的液膜剖面 FPAs 曲线。FPAs 剖面曲线的演变方式与 SAI 剖面曲线相比可能会有显著不同（Tu et al.，2021）。由图 5-10 可知，随着胶凝时间的增加，FPAs 剖面曲线逐渐呈现出周期性变化。该结果表明，SAI 值可能难以反映富含聚合物微相的分布，也就是说，当聚合物链段聚集时，聚合物富相的光强度会显著增加，该变化可以补偿聚合物贫相所造成的光强度降低，故难以通过 SAI 判定同一坐标面上聚合物富相和贫相的强弱关系。FPAs 剖面曲线中周期性变化的形成可以在 Liesegang 现象的理论框架内进行解释。一方面，局域聚合物富相的形成固定了聚合物链段；另一方面，局域相转化产生的驱动力也会吸引凝胶前锋下方区域的聚合物链段。聚合物链段的固定和扩散间的竞争以周期性形式呈现，从而在 FPAs 曲线中形成波浪形图案。

　　OCT 表征在壳聚糖成膜动力学研究中的成功运用，充分证明了该技术在研究和优化功能性材料微结构方面的优势。然而考虑到材料合成方法的多样性，还需要优化 OCT 的应用方式和配套设备，从而将 OCT 系统与合成功能材料过程更好地结合。Li W Y 等（2020）采用基于 OCT 的方法原位表征了多孔基膜上的 IP 过程（即形成具有致密表皮层的复合薄膜的过程），并设计了相应的观测装置。该观测装置的示意如图 5-11 所示，饱含单体水溶液的多孔基膜被固定在具有光学窗口的观察膜池的下方隔室中，而流动的有机相在重力驱动下流过上方隔室；当将相应的互补单体添加到流动相中时，开启 OCT 连续扫描流动

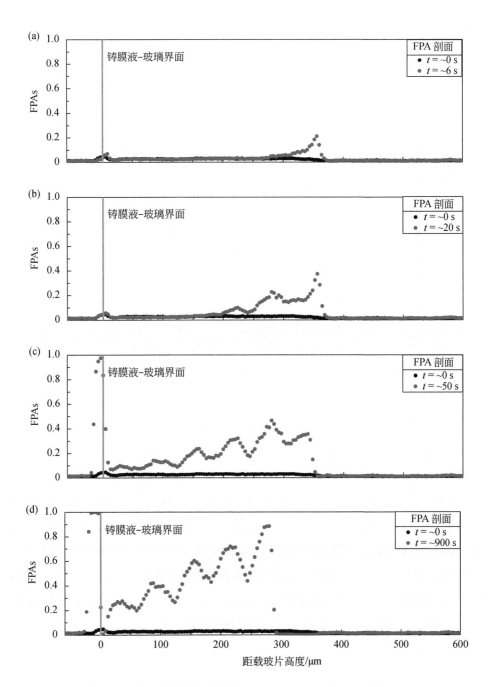

图 5-10　展示壳聚糖液膜凝胶过程中 Liesegang 图纹生成的 FPAs
剖面曲线时间序列（Tu et al., 2021）

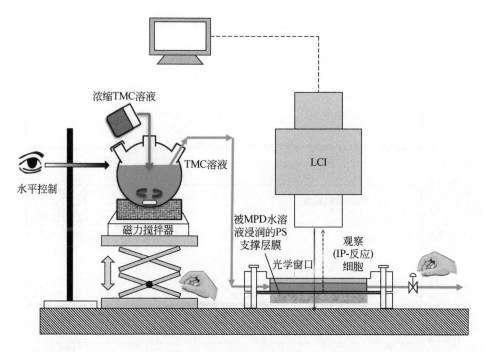

图 5-11　展示 IP 成膜过程与 OCT 系统集成的示意（Li W Y et al., 2020）

相和基膜之间的界面（亦即有机相和水相的界面）。聚酰胺薄层的形成将增强界面处的反射率，故可从基于 OCT 数据集创建深度剖面中观测到升高的光强度。尽管壳聚糖成膜过程所使用的数值分析方法（即评估 OCT 数据集以创建 SAI 或 FPA 剖面曲线的方法）也适用于 IP 过程的表征，但有必要将由不同机制引起的基膜表面移动纳入考量（例如，流动流体的扰动以及与有机相接触的聚合物网络的溶胀）。值得一提的是，该分析方法中动态追踪位移表面的数值算法最初是为了分析膜污染过程中所采集的 OCT 数据集而开发的。下一小节将在评估分离膜过滤性能的背景下详细讨论并介绍该数值算法。

5.5 基于 OCT 表征的膜分离过程性能评测

5.5.1 应用 OCT 表征膜分离性能的评述

分离膜的功能性不仅体现在其微结构的理化性质，还在于它在各种应用场景下的使用方式。例如，具有致密皮层和多孔支撑层的复合薄膜可作为 RO 膜和 FO 膜分别用于压力驱动和渗透驱动的膜分离过程中。当使用 RO 进行脱盐时，被截留的盐会在活性层表面形成极化边界层（即 ECP），并显著增加跨膜的渗透压差。相比之下，FO 的分离效率则主要由多孔支撑层内发生的浓差极化（即 ICP）决定。当膜分离过程（如 MD 过程）涉及能量传递时，温度分布也会出现极化现象（即温差极化，temperature polarization，TP），从而对传热和传质的耦合过程产生负面影响。

在分离膜应用中，膜污染是除了极化现象以外的另一大挑战。进料液中的颗粒物可以通过不同机制沉积在分离膜表面形成污染物层，从而增大渗滤液透过的水力阻力。污染物可以是无机物、有机物或多种微生物，其自身组成的多样性会导致复杂的污染物–分离膜相互作用。当进料液被高度浓缩时，原本溶解的物质也可能通过结晶或聚合机理形成颗粒状污染物，涉及此种颗粒污染物生长和沉积的膜污染过程通常被称为结垢现象。为了探寻减轻膜污染负面影响的可行策略，需要从机理层面更好地理解污染物层的形成和演变。

膜污染对膜分离性能的影响通常可以通过直接测量渗透通量的下降来测评。尽管已有研究相继开发出多种数学模型来解释膜污染过程中的渗透通量变化，但要验证数学模型所涉及的诸如孔堵塞、滤饼层过滤和孔收缩等经典膜污染机制却并非易事，并且这些机制在实际膜分离过程中多以耦合的形式出现，所表现出的膜污染行为也会随着时间的推移而改变。当增加数学模型中未知参数的数量时，采用比较通量下降数据与最佳拟合结果的方式来验证模型正确性的做法在某种程度上是有问题的，这是因为拟合度可以通过增加自由度而非优化模型与实验的一致性来提高。若要分辨这些机制，则需要了解在渗滤过程中污染物层形貌随时间的演变情况。然而，样品的制备过程可能会显著改变污染物层的形貌（如 SEM 表征中样品制备通常涉及干燥和涂层），故实验后的膜样品所能提供的渗滤过程中污染物层的演变信息通常十分有限。

非侵入性表征有助于保持污染物层在进料液中的原始形态。CLSM 和 OCT 等先进光学技术都可以实现非侵入性表征。与 CLSM 相比，FD-OCT 具有相对较高的扫描速率，能够以更高的时间分辨率捕获污染物层演变的动态过程。尽管早期研究多聚焦于利用 OCT 创建分离膜表面的生物膜横截面图像，但是基于 OCT 的多种膜污染现象的表征方法也已被广泛探究，其中不乏利用 OCT 定量分析污染物层形成过程的研究。基于一系列不同的数值算法的 OCT 定量分析，提高了污染物层的数字化和重构的准确性。

5.5.2 OCT 与膜分离过程的集成

相较于为不同成膜过程量身打造的多种 OCT 表征方法，将 OCT 系统与膜污染过程集成的策略相对简单。通过对渗滤单元进行改造，使其具备 OCT 观测所需的透明光学窗口，即可实现基于 OCT 的膜污染过程表征。透明光学窗口通常位于评测膜池的进料通道上壁中心。当需要施加较高的水力压力以驱动渗滤液流经分离膜时，需要确保进料通道的上壁尤其是透明光学窗口能够承压。正如 Li 等（2016）在其研究中采用的由水力压力驱动的膜过滤单元所示（图 5-12），为了在贴近进料通道的位置安装厚度相对较薄的玻璃板（或蓝宝石玻璃板），可以在通道上壁创造一个凹进去的表面，该构造可使入射光束聚焦在流动着的进料液和分离膜的交界处，同时确保上壁面有足够的机械强度以抵御施加在进料液侧的高液压。与成膜过程的表征操作类似，该评测膜池也需要略微倾斜以减少空气与玻璃界面处的强反射，从而提高由进料液与分离膜界面反射回的 OCT 信号的质量。

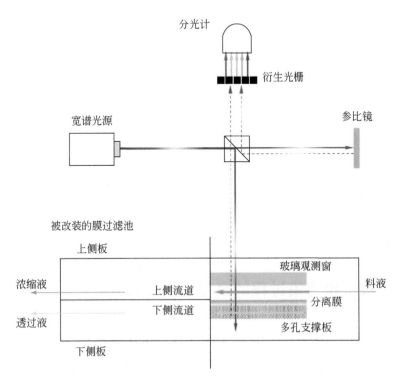

图 5-12　展示在分离膜过滤单元中整合压力驱动过程和 OCT 表征的示意（Li et al., 2016）

　　考虑到污染物层的非均匀性，通常选取面积较大的矩形区域进行 OCT 扫描。侧向扫描数量的增加将显著提高数据集生成所需的时长，但是由此造成的时间间隔延长是可以接受的，这主要是由于污染物层的演化通常比相转化成膜的速度慢得多。当分散在进料液中的污染物颗粒被输送到分离膜表面时，污染物颗粒会沉积并聚集形成滤饼层或凝胶层，该过程会显著改变进料液与分离膜界面附近区域的局部反射率，此反射率变化是我们能够利用 OCT 表征膜污染过程的核心机理。尽管如此，在膜污染表征中也会出现影响分析的其他干扰信号，如膜污染过程中的动态效应会造成各种光学伪影，降低数值分析的准确性。

　　当采用渗透压驱动工艺或 MD 工艺时，通常使用网状间隔物以相对松散的方式来支撑分离膜。因此，分离膜的悬空部分便容易受到流动流体的扰动。即便在压力驱动过程中，采用多孔烧结板对分离膜进行刚性支撑时，聚合物网络（即分离膜自身）也相对柔韧，可能会被施加在分离膜表面上的液压压实。在 OCT 扫描过程中，扰动和压实都会引起分离膜表面的显著变化，分离膜表面的位移对识别污染物颗粒在相应区域内的沉积将是巨大的挑战。传统的图像分割算法通常基于背景减法，也就是说，通过将特定时刻的图像与初始时刻的图像进行比较（即做数字减法）来识别图像随时间的变化。当将分离膜视作背景的一部分时，分离膜表面的移动将导致沉积污染物发生诸如"显现"或"消失"等的光学伪影。此外，分离膜表面的位置在数值意义上是未知的，因此通过图像准确确定污染物颗粒（及其聚集体）是在分离膜表面沉积还是在进料液中流动极具挑战性。

5.5.3　解析膜污染过程的高精度数值算法

为了准确分辨特定时刻的污染物层，开发能够动态追踪 OCT 数据集中分离膜表面位移的数值算法至关重要。其中，一种行之有效的策略便是通过分析特征区域的相似性来实现膜表面的追踪。具体而言，需要依据分离膜表面的位置来指定该特征区域，由于 OCT 的光强度会在进料液和分离膜的界面处急剧增加，可以通过分析光强度梯度的变化来确定分离膜表面的初始位置。分离膜表面正下方的区域将被优先作为特征区域以进行相似性分析，选用该区域是由于分离膜上方的区域有更高的概率因膜污染而被显著改变。因此，应使用对应分离膜表面下方区域的一段深度剖面来评估数值相似性。从数值分析的角度，通常需要定义一个模量（即从线性空间到大于零的实数集的映射）来衡量初始时刻和特定时间点之间的数值差异；针对固定的参考框架（如初始时刻的膜表面）计算每个点的平方差之和，便是一种潜在的模量定义方法。根据该模量定义，可以通过对特征区域对应的深度剖面进行数值移动，从而将模量最小化对应的位置认定为位移后该时刻的分离膜表面。

模量最小化可以通过多种方式实现。其中，最直接的方法是线性地改变深度剖面段的位置，从而通过直接比较确定模量的最小值，然而该方法的效率很低。通过非线性的方式也可以实现数值搜索，即根据梯度变化确定搜索方向，使得搜索收敛于局域最小值；只有当分离膜表面的位移足够小时，才能保证该非线性算法的收敛性。值得注意的是，在某个点获得的深度剖面通常容易受到随机噪点（如耀斑）的影响。基于"含噪点"深度剖面的相似性分析可能会导致算法失败，这是因为噪点可能会使得局域最小值对应的位置有别于分离膜表面的位移。通过在一定区域内以侧向平均的方式获得特定点的深度剖面，可以减少随机噪点对相似性分析的影响。尽管增加侧向平均深度剖面的数量可以更大程度地降低耀斑噪点，但是算法的数值计算量也会显著增加，从而降低整体效率。

逐点实施相似性分析的一个优势便是能够解决分离膜局部形变或位移带来的问题。当在相对较大的区域内执行 OCT 扫描时，由于分离膜形变不能通过平行位移的方式来近似，该优点便十分重要。如果能够随着时间的推移精准地确定分离膜表面的位置，便可通过更合乎逻辑的方式将污染物层与背景"分离"。该方法中的数值分析仅限于分离膜表面以上的区域，强度显著大于背景的体积像素（即平均值加上背景中标准偏差的两倍）称为污染物体积像素；如果一个污染物体积像素与相应于分离膜表面的任何体积像素之间存在直接或间接连通性，则将该污染物体积像素确定为污染体积像素。基于连通性的标准可以确保该数值算法能够排除在进料液中流动的污染物颗粒。将所有污染物体积像素组装在一起便形成一个数字化的污染物层，可以通过数值方法测量出该数字化污染物层的几何和拓扑特征。

Li 等（2016）在其研究中也提供了一个通过追踪分离膜表面来识别污染物层的例子，如图 5-13 所示，追踪滤饼层–分离膜界面和料液–滤饼层界面的精度可以通过断层图像中的红色和绿色曲线来检验。在该研究中，膨润土和二氧化硅颗粒的数字化滤饼层可以通过创建 3D 渲染来实现可视化，从而更直接地展现污染物层的形态。该研究首次对条纹现象［该现象由 Jonsson（1984）采用非原位表征的方法揭示，并由 Larsen（1991）进行理论分析］进行了原位表征，确认了在边界层内质量和动量传递耦合的不稳定性引起条纹斑图的形成。由于流体在切向和法向的流动停止后，上述动态效应可能会消失，并且样品制备过程中的干燥或镀层也可能对其造成损坏，原位表征在捕捉动态效应的研究中具有显著的优势。

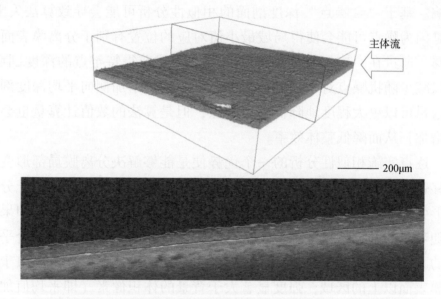

图 5-13　展示通过数值算法追踪和识别滤饼层–分离膜界面、料液–滤饼层界面的 OCT 断层图（Li et al.，2016）

5.5.4　基于 OCT 数据集的动态效应解析

从数值分析的角度，可以利用数字化污染物层来估算特定时刻的膜表面的污染物覆盖率。也就是说，表面覆盖率可约等于与污染体积像素直接相连的表面体积像素的数量与表面体积像素的总数之比。经典膜污染模型大多将通量下降归因于逐渐发生的膜孔堵塞（在一定程度上等同于覆盖率的变化），因此，表面覆盖率的时间变化在经典膜污染模型中发挥着关键作用。然而，当滤饼层足够厚时，入射光会在滤饼层与分离膜界面处显著衰减，从而错误地"忽略"一些与分离膜表面直接连接的污染体积像素。另外，滤饼层的厚度可以通过比沉积量（即单位膜面积的沉积量）来表征，它在数值上等于由 OCT 系统扫描确定的污垢层总体积（近似于等于所有污染体积像素的总体积）与总膜面积的比值。在滤饼层–分离膜界面处的比沉积量的计算也会受到光学伪影的影响，这会从数值上降低污染体积像素的总体积。表征滤饼层厚度的另一种方法是计算局域滤饼层厚度的平均值，该方法的优点是局域滤饼层厚度的评估在很大程度上不会受到与分离膜表面接触的污染体积像素识别的影响，导致该差异的关键在于，局域滤饼层厚度在数值上等于分离膜表面和滤饼表面之间的距离，而这两个表面的识别受入射光衰减的影响相对较小。

当解析 OCT 系统扫描区域内每个点的局域滤饼厚度时，可以创建一个灰度图像并将污染层"投影"到分离膜表面上，各点的灰度值表示基于最大值归一化的局域滤饼层厚度。而随着时间推移的一系列灰度图（图 5-14）则能够定量地可视化呈现污染层的形态演变。与 3D 渲染图相比，灰度图可以更清楚地显示条纹斑图，从而为基于定量分析的膜污染理论研究提供更为可靠的依据。当采样的时间间隔足够短时，可以通过比较两个连续样本之间的数值来分析污染物层的动态演化。具体来说，可以通过比较在两个连续采样时间获得的局域厚度来估计局域增长率（即某一点处厚度在单位时间内的变化），并通过红蓝图对其进行可视化，其中红色和蓝色分别表示正的和负的局域增长率。Liu X 等（2017）的研究为此方法的运用提供了一个范例，与此同时，该研究还探索了膜间隔物的朝向对滤饼层形成的影响。图 5-15 清楚地表明，在单个膜间隔物单元格中，滤饼层的初始形成过程展现出以红色条纹为主的图案，这表明该过程被污染物颗粒的沉积所主导；随后蓝色条纹在空间频率上不断增加，并逐渐抑制了红色条纹，这表明在长期的渗滤过程中污染物层实现了生长和侵蚀之间的动态平衡。

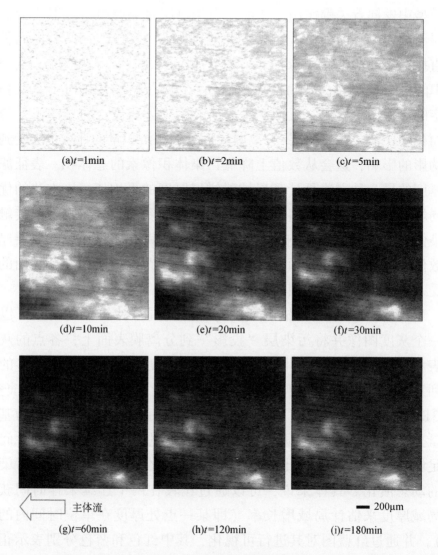

图 5-14　揭示滤饼层形态演化的灰度图时间序列（Li et al., 2016）

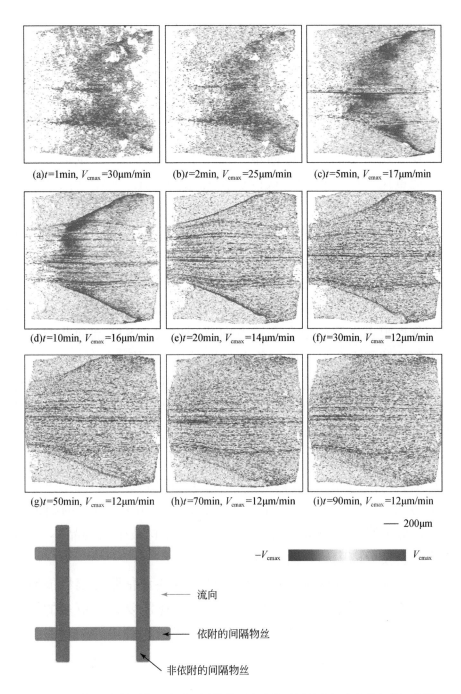

(a)t=1min, V_{cmax}=30μm/min

(b)t=2min, V_{cmax}=25μm/min

(c)t=5min, V_{cmax}=17μm/min

(d)t=10min, V_{cmax}=16μm/min

(e)t=20min, V_{cmax}=14μm/min

(f)t=30min, V_{cmax}=12μm/min

(g)t=50min, V_{cmax}=12μm/min

(h)t=70min, V_{cmax}=12μm/min

(i)t=90min, V_{cmax}=12μm/min

—— 200μm

$-V_{cmax}$ V_{cmax}

流向

依附的间隔物丝

非依附的间隔物丝

图 5-15　揭示滤饼层在一个膜间隔物单元中演化时局域生长速率分布的红蓝图时间序列（Liu X et al.，2017）

　　除了分离膜的外部污染，各种污染物也有可能进入分离膜内部结构，并通过孔排斥或吸附作用导致膜内部污染。值得注意的是，光学伪影无法避免，商品化 OCT 系统的空间分辨率并不足以解析微米或亚微米尺度的分离膜结构，因此，膜内部污染物造成的 OCT 信号响应只能通过统计方法进行分析，尚无法精准确定污染物在微孔结构的空间分布。在上述情况下，通过创建一系列不同时刻的 SAI 剖面曲线，能够更好地量化膜内污染物造成的膜微孔结构变化。SAI 剖面曲线应根据将初始分离膜表面作为零坐标面而建立的坐标系进行评估。在此基础上，当假设分离膜的局部形变可以忽略时，通过实施相同的算法便可实时追踪零坐标面随时间的移动，该方法已被 Tu 等（2022）的实验结果所验证。在其评估不同壳聚糖膜截留 PS 微球能力的研究中，Tu 等（2022）所获得的不同时刻的 SAI 剖面曲线对比如图 5-16 所示，PS 微球在分离膜表面的截留会在正方向范围内改变 SAI 剖面曲线，而其在膜内部的截留也会显著增加负方向范围内 SAI 值。

　　尽管剖析污染物层的生长和演化始终是基于 OCT 表征评估膜分离性能的研究重点，然而研究者们仍致力于开发更多的分析功能以达到更深入了解膜污染行为的目的。例如，Liu 等（2022）在其近期的一项研究工作中拓展了追踪分离膜位移的功能，并以此分析 MD 过程中硫酸钙结垢产生的晶体–分离膜相互作用。该研究通过原位 OCT 表征揭示了初期结垢可以对多孔结构施加如 Stoney 方程所示的拉伸应力，该应力使分离膜向进料侧方向弯曲；当微孔结构被生长的晶体主导时，挤压应力会使分离膜的弯曲方向反转。

　　上述各项研究都证明了基于 OCT 的表征在评估膜分离性能研究中的多种可能性。在今后的研究中，科研人员还需要开发更多的算法来分析膜分离过程中复杂现象，从而在深入揭示相关机理的同时，进一步提升分离膜的过滤性能。

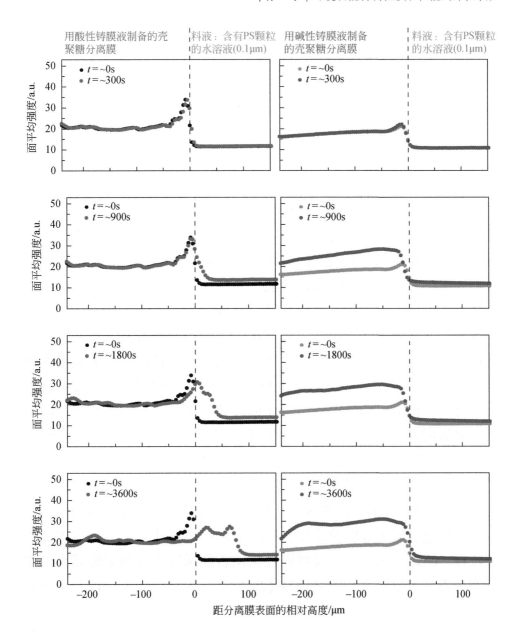

图 5-16　通过比较不同时间点的 SAI 剖面曲线识别壳聚糖分离膜截留 PS 微珠的
不同机理（Tu et al.，2022）

5.6 挑战与展望

本章详细介绍了 OCT 表征在解析成膜动力学和评测膜污染过程中的基本原理和使用方法，并以此为范例展示了如何将高端原位表征用于环境功能材料的开发。尽管如此，在环境功能材料研发中原位表征技术的应用仍面临着挑战。

一方面，受限于原位分析所面对的不同理化环境和几何构型，原位表征技术很难具备如同"解剖"式表征那样的高空间分辨率。众所周知，功能材料深度方向上的解析无论是对材料开发本身还是对评测材料效果都非常重要，然而目前能以非侵入性方式实现深度方向上的高分辨率解析的技术仍然十分有限。以 OCT 技术而言，其光学切片功能的实现在很大程度上依赖于被测试体系的透明度及其内部结构在光学性质角度的变化，进一步提升 OCT 深度方向上的解析度需要增大低相干光源的谱宽，这对技术本身和仪器的生产成本都有一定的挑战。另一方面，在很多场景中原位表征的优势在于其高时间解析度，而高时间解析度则意味着采样频率的提升，这同样受到当前技术的限制。值得注意的是，采样频率提升所受到的限制有时并非来自表征技术本身，而是在于与其匹配的相关硬件设备。例如，商品化 OCT 大多能实现高达 100kHz 的单点扫描速率，在理论上能够具备亚毫秒级的时间解析度，但是受限于数据的传输，实际采样频率往往只能达到零点几秒至几秒。因此，从技术上大幅提升原位表征深度方向和采样频率的解析度（即时空解析度）既是该技术应用推广的迫切需求，也是该领域发展的主要方向。

功能材料在环境领域（尤其是水处理）中的应用具有鲜明的学科交叉特点，在工程学的大背景下综合了化学、物理、材料、环境等基础领域的相关知识；而功能材料的研发和探索，则对原位表征技术提出了更高的要求。针对学科交叉的特点，需要在加强视觉化功能的基础上，进一步实现表征数据分析手段的多样化，努力探索基于不同原理的量化分析方法，为功能材料的研发和应用提供更丰富的数据基础。此外，还应该针对不同的理化过程，设计和打造与原位表征技术相匹配的平台，从而更充分地发挥原位表征的优势、更贴近实际地评估功能材料的应用效果，为功能材料的工程放大提供更为可靠的依据。

参 考 文 献

邓述波.2012.环境吸附材料及应用原理//清华大学百年校庆环境科学与工程系列著作.北京:
   科学出版社.

丁逸栋,刘朝辉,王飞,等.2016.SiO$_2$气凝胶涂料的制备及应用研究进展.表面技术,45:
   153-160.

杜东宇.2021.高选择性环境友好型壳聚糖分离膜的制备和应用研究.深圳:南方科技大学.

杜英侠,刘瑞,鲁望婷,等.2022.生物质衍生碳材料电催化裂解水研究进展.武汉大学学报
   (理学版),68:123-130.

冯奇,马放,冯玉杰,等.2010.环境材料概论.北京:化学工业出版社.

冯玉杰,孙晓君,刘俊峰.2010.环境功能材料.北京:化学工业出版社.

高原.2017.浒苔基高比表面积活性炭的制备及其性能研究.济南:山东大学.

李娜,刘忠洲,续曙光.2001.再生纤维素分离膜制备方法研究进展.膜科学与技术,21:6.

李文军,蒋寅魁,黄海啸,等.2020.稻壳/聚丙烯绿色复合材料的制备及性能研究.塑料工
   业,48:99-102,160.

立本英机,安部郁夫.2002.活性炭的应用技术:其维持管理及存在问题.南京:东南大学出
   版社,2002.

刘菁.2008.溶剂法溶解纤维素的进展与趋势.武汉科技学院学报,21:3.

刘米安.2020.污泥生物炭基催化剂的制备及其对水中有机污染物的氧化降解机理研究.北京:
   中国科学技术大学.

吕丰锦,刘俊新.2016.我国南北方城市污水处理厂污泥性质比较分析.给水排水,52:
   63-66.

饶品华,张文启,李永峰,等.2009.氧化铝对水体中重金属离子吸附去除研究.水处理技术,
   35:71-74.

宋桂经.1998.纤维素合成的研究进展.纤维素科学与技术,6:4.

孙福强,刘永,杨少华,等.2002.膜分离技术及其应用研究进展.化工科技,10:6.

汪森,张蓉蓉,许小娟,等.2017.天然聚多糖的溶解机理及溶液性质.高分子学报,(9):
   1426-1443.

汪怿翔,张俐娜.2008.天然高分子材料研究进展.高分子通报,(7):66-76.

王湛，王志，高学理.2018.膜分离技术基础.北京：化学工业出版社.

吴新华.1994.活性炭生产工艺原理与设计.北京：中国林业出版社.

夏阳华，熊惟皓.2002.环境材料的研究及进展.材料导报，（8）：33-35，38.

邢卫红.2016."十三五"膜产业规划发展.南京：中国膜产业"十三五"科技创新、规划发展报告会暨中国膜工业协会五届三次理事扩大会.

徐泽龙，陆荣荣.2010.农业废弃物制备活性炭及其应用进展.广西轻工业，26：65-67.

杨隽，汪建华.2004.低温等离子体技术制备有机薄膜的研究进展.表面技术，33：4.

张志华，倪星元，沈军，等.2005.疏水型 SiO_2 气凝胶的常压制备及吸附性能研究.同济大学学报，12：1641-1645.

赵力剑，廖黎明，卢宇翔，等.2018.生物质炭在环境治理领域中的研究应用进展.工业用水与废水，49：1-7.

郑领英.1999.膜分离与分离膜.高分子通报，（3）：137-140，147.

郑祥，魏源送.2019.中国水处理行业可持续发展战略研究报告.北京：中国人民大学出版社.

朱光明，辛文利.2002.聚合物共混改性的研究现状.塑料科技，（2）：42-46.

Aliyan H, Fazaeli R, Jalilian R. 2013. Fe₃O₄ @ mesoporous SBA- 15: A magnetically recoverable catalyst for photodegradation of malachite green. Applied Surface Science, 276: 147-153.

Aghajamali M, lqbal M, Purkait T K, et al. 2016. Synthesis and properties of luminescent silicon nanocrystal/silica aerogel hybrid materials. Chemistry of Materials, 28（11）: 3877-3886.

Baig M I, Durmaz E N, Willott J D, et al. 2020. Sustainable Membrane Production through Polyelectrolyte Complexation Induced Aqueous Phase Separation. Advanced Functional Materials, 30.

Baig M M, Zulfiqar S, Yousuf M A, et al. 2021. DyxMnFe₂- xO₄ nanoparticles decorated over mesoporous silica for environmental remediation applications. Journal of Hazardous Materials, 402.

Barnett J W, Bilchak C R, Wang Y W, et al. 2020. Designing exceptional gas- separation polymer membranes using machine learning. Science Advances, 6.

Beppu M M, Vieira R S, Aimoli C G, et al. 2007. Crosslinking of chitosan membranes using glutaral- dehyde: Effect on ion permeability and water absorption. Journal of Membrane Science, 301: 126-130.

Bicu I, Mustata F. 2011. Cellulose extraction from orange peel using sulfite digestion reagents. Bioresour Technol, 102: 10013-10019.

Brinker C J, Hurd A J, Schunk P R, et al. 1992. Review of sol- gel thin film formation. Journal of Non- Crystalline Solids, 147-148: 424-436.

Cai J, Zhang L, Chang C, et al. 2007. Hydrogen- bond- induced inclusion complex in aqueous cellulose/LiOH/urea solution at low temperature. ChemPhysChem, 8: 1572-1579.

Cai Y, Li J X, Guo Y G, et al. 2011. In-situ monitoring of asymmetric poly (ethylene-co-vinyl alcohol) membrane formation via a phase inversion process by an ultrasonic through-transmission technique. Desalination, 283: 25-30.

Castillo X, Pizarro J, Ortiz C, et al. 2018. A cheap mesoporous silica from fly ash as an outstanding adsorbent for sulfate in water. Microporous and Mesoporous Materials, 272: 184-192.

Castro-León G, Baquero-Quinteros E, Loor B G, et al. 2020. Waste to Catalyst: Synthesis of Catalysts from Sewage Sludge of the Mining, Steel, and Petroleum Industries. Sustainability, (23): 12.

Chai Y, Maruko Y, Liu Z, et al. 2021. Design of oriented mesoporous silica films for guiding protein adsorption states. Journal of Materials Chemistry B, 9: 2054-2065.

Chen D, Cen K, Zhuang X, et al. 2022. Insight into biomass pyrolysis mechanism based on cellulose, hemicellulose, and lignin: Evolution of volatiles and kinetics, elucidation of reaction pathways, and characterization of gas, biochar and bio-oil. Combustion and Flame, 242.

Chen K, Feng Q, Feng Y, et al. 2022. Ultrafast removal of humic acid by amine-modified silica aerogel: Insights from experiments and density functional theory calculation. Chemical Engineering Journal, 435.

Chen Y L. 2022. Design of Catalysts for Removal of Nitrogen Oxides in Gas Based on Machine Learning. Shen Zhen: Southern University of Science and Technology: 78.

Chen Y L, Li R, Suo H R, et al. 2021. Evaluation of a Data-Driven, Machine Learning Approach for Identifying Potential Candidates for Environmental Catalysts: From Database Development to Prediction. Acs Es&T Engineering, 1: 1246-1257.

Cheng C, Lu D, Shen B, et al. 2016. Mesoporous silica-based carbon dot/TiO$_2$ photocatalyst for efficient organic pollutant degradation. Microporous and Mesoporous Materials, 226: 79-87.

Couch R L, Price J T, Fatehi P. 2016. Production of Flocculant from Thermomechanical Pulping Lignin via Nitric Acid Treatment. ACS Sustainable Chemistry & Engineering, 4: 1954-1962.

de Oliveira H C L, Fonseca J L C, Pereira M R. 2008. Chitosan-poly (acrylic acid) polyelectrolyte complex membranes: Preparation, characterization and permeability studies. Journal of Biomaterials Science, Polymer Edition, 19: 143-160.

Ding H S, Jiang H. 2013. Self-heating co-pyrolysis of excessive activated sludge with waste biomass: energy balance and sludge reduction. Bioresour Technol, 133: 16-22.

Durmaz E N, Willott J D, Mizan M M H, et al. 2021. Tuning the charge of polyelectrolyte complex membranes preparedviaaqueous phase separation. Soft Matter, 17: 9420-9427.

Eerkes-Medrano D, Thompson R C, Aldridge D C. 2015. Microplastics in freshwater systems: A review of the emerging threats, identification of knowledge gaps and prioritisation of research needs. Water Research, 75: 63-82.

Einarsrud M A, Nilsen E. 1998. Strengthening of water glass and colloidal sol based silica gels by aging in TEOS. Journal of Non-Crystalline Solids, 226: 122-128.

Falivene L, Cao Z, Petta A, et al. 2019. Towards the online computer-aided design of catalytic pockets. Nature Chemistry, 11: 872-879.

Feng X, Huang R Y M. 1996. Pervaporation with chitosan membranes. I. Separation of water from ethylene glycol by a chitosan/polysulfone composite membrane. Journal of Membrane Science, 116: 67-76.

Feng X, Fryxell G E, Wang L Q, et al. 1997. Functionalized monolayers on ordered mesoporous supports. Science, 276: 923-926.

Fercher A F. 2010. Optical coherence tomography - development, principles, applications. Zeitschrift Fur Medizinische Physik, 20: 251-276.

Fercher A F, Hitzenberger C, Juchem M. 1991. Measurement of intraocular optical distances using partially coherent laser-light. Journal of Modern Optics, 38: 1327-1333.

Gao X D, Huang Y D, Zhang T T, et al. 2017. Amphiphilic SiO_2 hybrid aerogel: an effective absorbent for emulsified wastewater. Journal of Materials Chemistry A, 5: 12856-12862.

Gao Y B, Li W Y, Lay W C L, et al. 2013. Characterization of forward osmosis membranes by electrochemical impedance spectroscopy. Desalination, 312: 45-51.

Garcia-Rodriguez O, Mousset E, Olvera-Vargas H, et al. 2022. Electrochemical treatment of highly concentrated wastewater: A review of experimental and modeling approaches from lab- to full-scale. Critical Reviews in Environmental Science and Technology, 52: 240-309.

Ge J, Cui Y, Yan Y, et al. 2000. The effect of structure on pervaporation of chitosan membrane. Journal of Membrane Science, 165: 75-81.

Guillen G R, Pan Y J, Li M H, et al. 2011. Preparation and characterization of membranes formed by nonsolvent induced phase separation: A Review. Industrial & Engineering Chemistry Research, 50: 3798-3817.

Guo X, Feng Y, Ma L, et al. 2017. Phosphoryl functionalized mesoporous silica for uranium adsorption. Applied Surface Science, 402: 53-60.

Hand D J, Yu K. 2001. Idiot's Bayes- Not So Stupid After All? International Statistical Review, 69: 385-398.

Hong D, Zhou J, Hu C, et al. 2019. Mercury removal mechanism of AC prepared by one- step activation with $ZnCl_2$. Fuel, 235: 326-335.

Hu X, Deng Y, Zhou J, et al. 2020. N- and O self- doped biomass porous carbon cathode in an electro- Fenton system for Chloramphenicol degradation. Separation and Purification Technology, 251: 117376.

Huang R, Tang Y, Luo L. 2021. Thermochemistry of sulfur during pyrolysis and hydrothermal carbonization of sewage sludges. Waste Manag, 121: 276-285.

Huang R, Zhang B, Saad E M, et al. 2018. Speciation evolution of zinc and copper during pyrolysis and hydrothermal carbonization treatments of sewage sludges. Water Research, 132: 260-269.

Hulicova- Jurcakova D, Puziy A, Poddubnaya O, et al. 2009. Highly stable performance of supercapacitors from phosphorus- enriched carbons. Journal of the American Chemical Society, 131: 5026-5027.

Inumaru K, Kasahara T, Yasui M, et al. 2005. Direct nanocomposite of crystalline TiO_2 particles and mesoporous silica as a molecular selective and highly active photocatalyst. Chemical Communications: 2131-2133.

Isogai A, Atalla R H. 1998. Dissolution of cellulose in aqueous NaOH solutions. Cellulose, 5: 309-319.

Ito A, Sato M, Anma T. 1997. Permeability of CO_2 through chitosan membrane swollen by water vapor in feed gas. Angewandte Makromolekulare Chemie, 248: 85-94.

Jain A, Balasubramanian R, SrinivasanM P. 2016. Hydrothermal conversion of biomass waste to activated carbon with high porosity: A review. Chemical Engineering Journal, 283: 789-805.

Jana S, Saikia A, Purkait M K, et al. 2011. Chitosan based ceramic ultrafiltration membrane: Preparation, characterization and application to remove Hg (II) and As (III) using polymer enhanced ultrafiltration. Chemical Engineering Journal, 170: 209-219.

Jarmolinska S, Feliczak-Guzik A, Nowak I. 2020. Synthesis, Characterization and Use of Mesoporous Silicas of the Following Types SBA-1, SBA-2, HMM-1 and HMM-2. Materials, 13.

Jenkins A D, Stepto R F T, KratochvílP, et al. 1996. Glossary of basic terms in polymer science (IUPAC Recommendations 1996). Pure and Applied Chemistry, 68: 2287-2311.

Jiang L, Sheng L, Fan Z. 2017. Biomass-derived carbon materials with structural diversities and their applications in energy storage. Science China Materials, 61: 133-158.

Johnson D L. 1969. Method of Preparing Polymers from a Mixture of Cyclic Amine Oxides and Polymers, United States Patent. Eastman Kodak Co.

Jonsson G. 1984. Boundary- layer phenomena during ultrafiltration of dextran and whey- protein solutions. Desalination, 51: 61-77.

Juhwan N, Jaehoon K, Seoin B, et al. 2017. Catalyst Design Using Actively Learned Machine with Non- ab Initio Input Features Towards CO_2 Reduction Reactions. Cornell University Library, arXiv. org; Ithaca.

Kambo H S, Dutta A. 2015. A comparative review of biochar and hydrochar in terms of production, physico- chemical properties and applications. Renewable and Sustainable Energy Reviews, 45: 359-378.

Kamide K, Okajima K, Kowsaka K. 1992. Dissolution of natural cellulose into aqueous alkali solution: Role of super-molecular structure of cellulose. Polymer Journal, 24: 71-86.

Kamiński W, Modrzejewska Z. 1997. Application of Chitosan Membranes in Separation of Heavy Metal Ions. Separation Science and Technology, 32: 2659-2668.

Kang Y S, Kim H J, Kim U Y. 1991. Asymmetric membrane formation via immersion precipitation method. 1. kinetic effect. Journal of Membrane Science, 60: 219-232.

Karamikamkar S, Naguib H E, Park C B. 2020. Advances in precursor system for silica-based aerogel production toward improved mechanical properties, customized morphology, and multifunctionality: A review. Advances in Colloid and Interface Science, 276.

Karthikeyan P, Banu H A T, Meenakshi S. 2019. Removal of phosphate and nitrate ions from aqueous solution using La^{3+} incorporated chitosan biopolymeric matrix membrane. International Journal of Biological Macromolecules, 124: 492-504.

Kassem K O, Hussein M A T, Motawea M M, et al. 2021. Design of mesoporous ZnO @ silica fume-derived SiO_2 nanocomposite as photocatalyst for efficient crystal violet removal: Effective route to recycle industrial waste. Journal of Cleaner Production, 326: 129416.

Katagiri N, Ishikawa M, Adachi N, et al. 2018. Preparation and evaluation of Au nanoparticle- silica aerogel nanocomposite. Journal of Asian Ceramic Societies, 3: 151-155.

Khoerunnisa F, Rahmah W, Seng Ooi B, et al. 2020. Chitosan/PEG/MWCNT/Iodine composite membrane with enhanced antibacterial properties for dye wastewater treatment. Journal of Environmental Chemical Engineering, 8.

Kim B, Lee S, Kim J. 2020. Inverse design of porous materials using artificial neural networks. Science Advances, 6.

Kistler S S. 1931. Coherent expanded aerogels and jellies. Nature, 127: 741.

Kohonen T, Maimon O, Rokach L. 2010. Data Mining and Knowledge Discovery Handbook//Springer series in solid-state sciences magnetic bubble technology. New York, NY: Springer US, 201010. 1007/978-0-387-09823-4.

Kools W F C, Konagurthu S, Greenberg A R, et al. 1998. Use of ultrasonic time- domain reflectometry for real-time measurement of thickness changes during evaporative casting of polymeric films. Journal of Applied Polymer Science, 69: 2013-2019.

Larsen P S. 1991. A stability model for the striping phenomenon in ultrafiltration. Journal of Membrane Science, 57: 43-56.

Lee Y M. 1993. Modified chitosan membranes for pervaporation. Desalination, 90: 277-290.

Li D, Min H, Jiang X, et al. 2013. One-pot synthesis of Aluminum-containing ordered mesoporous silica MCM-41 using coal fly ash for phosphate adsorption. Journal of Colloid and Interface Science, 404: 42-48.

Li H, Fane A G, Coster H G L, et al. 1998. Direct observation of particle deposition on the membrane surface during crossflow microfiltration. Journal of Membrane Science, 149: 83-97.

Li J, Zhang S, Li H, et al. 2018. Cellulase pretreatment for enhancing cold caustic extraction-based separation of hemicelluloses and cellulose from cellulosic fibers. Bioresource Technology, 251: 1-6.

Li M, Li Y W, Yu X L, et al. 2020. Improved bio-electricity production in bio-electrochemical reactor for wastewater treatment using biomass carbon derived from sludge supported carbon felt anode. Science of the Total Environment, 726: 138573.

Li T Y, Xing F, Liu T, et al. 2020. Cost, performance prediction and optimization of a vanadium flow battery by machine-learning. Energy & Environmental Science, 13: 4353-4361.

Li W Y, Liu X, Li Z, et al. 2020. Unraveling the film-formation kinetics of interfacial polymerization via low coherence interferometry. Aiche Journal, 66: 11.

Li W Y, Liu X, Wang Y N, et al. 2016. Analyzing the Evolution of Membrane Fouling via a Novel Method Based on 3D Optical Coherence Tomography Imaging. Environmental Science & Technology, 50: 6930-6939.

Li Y, Zhou L W, Wang R Z. 2017. Urban biomass and methods of estimating municipal biomass resources. Renewable and Sustainable Energy Reviews, 80: 1017-1030.

Li Z, Ma X F, Xin H L. 2017. Feature engineering of machine-learning chemisorption models for catalyst design. Catalysis Today, 280: 232-238.

Liang C, Lin Y T, Shin W H. 2009. Persulfate regeneration of trichloroethylene spent activated carbon. Journal of Hazardous Materials, 168: 187-192.

Liang J, Liang Z, Zou R, et al. 2017. Heterogeneous Catalysis in Zeolites, Mesoporous Silica, and Metal-Organic Frameworks. Adv Mater, 29.

Liao P, Li B, Xie L, et al. 2020. Immobilization of Cr (VI) on engineered silicate nanoparticles: Microscopic mechanisms and site energy distribution. J Hazard Mater, 383: 121145.

Liu H, Sha W, Cooper A T, et al. 2009. Preparation and characterization of a novel silica aerogel as adsorbent for toxic organic compounds. Colloids and Surfaces a-Physicochemical and Engineering Aspects, 347: 38-44.

Liu J, Wang Y W, Li S Z, et al. 2022. Insights into the wetting phenomenon induced by scaling of calcium sulfate in membrane distillation. Water Research, 216: 10.

Liu K X, Li H Q, Zhang J, et al. 2016. The effect of non-structural components and lignin on hemicellulose extraction. Bioresour Technol, 214: 755-760.

Liu X, Li W Y, Chong T H, et al. 2017. Effects of spacer orientations on the cake formation during membrane fouling: Quantitative analysis based on 3D OCT imaging. Water Research, 110: 1-14.

Liu Y, Zhao T L, Ju W W, et al. 2017. Materials discovery and design using machine learning. Journal of Materiomics, 3: 159-177.

Loeb S. 1981. Loeb-Sourirajan Membrane: How It Came About//ACS Symposium Series: 1-9.

Long Q, Zhang Z, Qi G, et al. 2020. Fabrication of chitosan nanofiltration membranes by the film casting strategy for effective removal of dyes/salts in textile wastewater. ACS Sustainable Chemistry and Engineering, 8: 2512-2522.

Lonsdale H K. 1982. The growth of membrane technology. Journal of Membrane Science, 10: 81-181.

Lu H, Zhao X S. 2017. Biomass-derived carbon electrode materials for supercapacitors. Sustainable Energy & Fuels, 1: 1265-1281.

Lv T, Yao Y, Li N, et al. 2016. Wearable fiber-shaped energy conversion and storage devices based on aligned carbon nanotubes. Nano Today, 11: 644-660.

Ma Y, Zhou T, Zhao C. 2008. Preparation of chitosan-nylon-6 blended membranes containing silver ions as antibacterial materials. Carbohydrate Research, 343: 230-237.

Mao H, Wei C, Gong Y, et al. 2019. Mechanical and water-resistant properties of eco-friendly chitosan membrane reinforced with cellulose nanocrystals. Polymers, 11.

Mason E A. 1991. From pig bladders and cracked jars to polysulfones: An historical perspective on membrane transport. Journal of Membrane Science, 60: 125-145.

Matsagar B M, Yang R X, Dutta S, et al. 2021. Recent progress in the development of biomass-derived nitrogen-doped porous carbon. Journal of Materials Chemistry A, 9: 3703-3728.

Miao Y, Pudukudy M, Zhi Y, et al. 2020. A facile method for in situ fabrication of silica/cellulose aerogels and their application in CO_2 capture. Carbohydrate Polymers, 236.

Mohseni-Bandpei A, Eslami A, Kazemian H, et al. 2020. A high density 3-aminopropy ltriethoxy silane grafted pumice-derived silica aerogel as an efficient adsorbent for ibuprofen: Characterization and optimization of the adsorption data using response surface methodology. Environmental Technology & Innovation, 18.

Mulder M. 1996. Basic Principles of Membrane Technology. Boston: Kluwer Academic Publishers.

Nabais J M V, Nunes P, Carrott P J M, et al. 2008. Production of activated carbons from coffee endocarp by CO_2 and steam activation. Fuel Processing Technology, 89: 262-268.

Najafidoust A, Asl E A, Hakki H K, et al. 2021. Sequential impregnation and sol-gel synthesis of Fe-ZnO over hydrophobic silica aerogel as a floating photocatalyst with highly enhanced photodecomposition of BTX compounds from water. Solar Energy, 225: 344-356.

Nazriati N, Setyawan H, Affandi S, et al. 2014. Using bagasse ash as a silica source when preparing silica aerogels via ambient pressure drying. Journal of Non-Crystalline Solids, 400: 6-11.

Nicolaon G A, Teichner S J. 1968. On a New Process of Preparation of Silica Xerogels and Aerogels and Their Textural Properties. Bulletin De La Societe Chimique De France.

Nielen W M, Willott J D, de VosW M. 2021. Solvent and ph stability of poly (Styrene-alt-maleic acid) (psama) membranes prepared by aqueous phase separation (aps). Membranes, 11.

Park S, Kim J, Kwon K. 2022. A review on biomass-derived N-doped carbons as electrocatalysts in electrochemical energy applications. Chemical Engineering Journal, 446.

Pei X, Peng X, Jia X, et al. 2021. N-doped biochar from sewage sludge for catalytic peroxydisulfate activation toward sulfadiazine: Efficiency, mechanism, and stability. J Hazard Mater, 419: 126446.

Pendergast M M, Hoek E M V. 2011. A review of water treatment membrane nanotechnologies. Energy and Environmental Science, 4: 1946-1971.

Peterson R A, Greenberg A R, Bond L J, et al. 1998. Use of ultrasonic TDR for real-time noninvasive measurement of compressive strain during membrane compaction. Desalination, 116: 115-122.

Pizarro J, Castillo X, Jara S, et al. 2015. Adsorption of Cu^{2+} on coal fly ash modified with functionalized mesoporous silica. Fuel, 156: 96-102.

Prasanna V L, Mamane H, Vadivel V K, et al. 2020. Ethanol-activated granular aerogel as efficient adsorbent for persistent organic pollutants from real leachate and hospital wastewater. Journal of Hazardous Materials, 384.

Prat D, Hayler J, Wells A. 2014. A survey of solvent selection guides. Green Chemistry, 16: 4546-4551.

Qiao H, Li B, Hu S, et al. 2022. Fast cost-effective synthesis of metal ions/biopolymer/silica composites by supramolecular hydrogels crosslink with superior tetracycline sorption performance. Chemosphere, 294: 133821.

Qiao H, Wang X X, Liao P, et al. 2021. Enhanced sequestration of tetracycline by Mn (Ⅱ) encapsulated mesoporous silica nanoparticles: Synergistic sorption and mechanism. Chemosphere, 284.

Qin P Y, Chen C X, Han B B, et al. 2006. Preparation of poly (phthalazinone ether sulfone ketone) asymmetric ultrafiltration membrane - Ⅱ. The gelation process. Journal of Membrane Science, 268: 181-188.

Qu W H, Xu Y Y, Lu A H, et al. 2015. Converting biowaste corncob residue into high value added porous carbon for supercapacitor electrodes. Bioresour Technol, 189: 285-291.

Rana M, Subramani K, Sathish M, et al. 2017. Soya derived heteroatom doped carbon as a promising platform for oxygen reduction, supercapacitor and CO_2 capture. Carbon, 114: 679-689.

Ratanasumarn N, Chitprasert P. 2020. Cosmetic potential of lignin extracts from alkaline- treated sugarcane bagasse: Optimization of extraction conditions using response surface methodology. Int J Biol Macromol, 153: 138-145.

Razali M, Kim J F, Attfield M, et al. 2015. Sustainable wastewater treatment and recycling in membrane manufacturing. Green Chemistry, 17: 5196-5205.

Reichstein M, Camps- Valls G, Stevens B, et al. 2019. Deep learning and process understanding for data- driven Earth system science. Nature, 566: 195-204.

Saal J E, Kirklin S, Aykol M, et al. 2013. Materials design and discovery with high- throughput density functional theory: The open quantum materials database (OQMD). Jom, 65: 1501-1509.

Sangeetha K, P A V, Sudha P N, et al. 2019. Novel chitosan based thin sheet nanofiltration membrane for rejection of heavy metal chromium. International Journal of Biological Macromolecules, 132: 939-953.

Schmidhuber J. 2015. Deep learning in neural networks: An overview. Neural Networks, 61: 85-117.

Schmitt J M, Knuttel A. 1997. Model of optical coherence tomography of heterogeneous tissue. Journal of the Optical Society of America a- Optics Image Science and Vision, 14: 1231-1242.

Seh Z W, Kibsgaard J, Dickens C F, et al. 2017. Combining theory and experiment in electrocatalysis: Insights into materials design. Science, 355.

Selvan R K, Zhu P, Yan C, et al. 2018. Biomass-derived porous carbon modified glass fiber separator as polysulfide reservoir for Li- S batteries. J Colloid Interface Sci, 513: 231-239.

Senthil C, Lee C W. 2021. Biomass- derived biochar materials as sustainable energy sources for electro- chemical energy storage devices. Renewable and Sustainable Energy Reviews, 137.

Sha L, Yu X, Liu X, et al. 2019. Electro-dewatering pretreatment of sludge to improve the bio-drying process. RSC Adv, 9: 27190-27198.

Shakhnarovich G, Darrell T, Indyk P. 2005. Nearest- Neighbor Methods in Learning and Vision: Theory and Practice. Boston: MIT Press.

Shang Y, Xu X, Gao B, et al. 2021. Single- atom catalysis in advanced oxidation processes for envi- ronmental remediation. Chem Soc Rev, 50: 5281-5322.

Shawe- Taylor J, Cristianini N. 2004. Kernel methods for pattern analysis. Cambridge: Cambridge University Press.

Shi F, Liu J X, Song K, et al. 2010. Cost- effective synthesis of silica aerogels from fly ash via ambient pressure drying. Journal of Non- Crystalline Solids, 356: 2241-2246.

Shi S, Liu X, Li W, et al. 2020. Tuning the Biodegradability of Chitosan Membranes:

Characterization and Conceptual Design. ACS Sustainable Chemistry and Engineering, 8: 14484-14492.

Singh B, Na J, Konarova M, et al. 2020. Functional Mesoporous Silica Nanomaterials for Catalysis and Environmental Applications. Bulletin of the Chemical Society of Japan, 93: 1459-1496.

Singh D K, Ray A R. 1999. Controlled release of glucose through modified chitosan membranes. Journal of Membrane Science, 155: 107-112.

Solum M S, Pugmire R J, Jagtoyen M, et al. 1995. Evolution of carbon structure in chemically activated wood. Carbon, 33: 1247-1254.

Song M Y, Park H Y, Yang D S, et al. 2014. Seaweed- derived heteroatom- doped highly porous carbon as an electrocatalyst for the oxygen reduction reaction. ChemSusChem, 7: 1755-1763.

Strathmann H, Kock K, Amar P, et al. 1975. The formation mechanism of asymmetric membranes. Desalination, 16: 179-203.

Sun W B, Zheng Y J, Yang K, et al. 2019. Machine learning-assisted molecular design and efficiency prediction for high- performance organic photovoltaic materials. Science Advances, 5.

Suzuki K, Toyao T, Maeno Z, et al. 2019. Statistical Analysis and Discovery of Heterogeneous Catalysts Based on Machine Learning from Diverse Published Data. Chemcatchem, 11: 4537-4547.

Swatloski R P, Spear S K, Holbrey J D, et al. 2002. Dissolution of cellose with ionic liquids. Journal of the American Chemical Society, 124: 4974-4975.

Świerczek L, Cieślik B M, Konieczka P. 2018. The potential of raw sewage sludge in construction industry- A review. Journal of Cleaner Production, 200: 342-356.

Tan L S, Ge F, Li J, et al. 2009. HCEP: a hybrid cluster-based energy-efficient protocol for wireless sensor networks. International Journal of Sensor Networks, 5: 67-78.

Tang J, Wang Y, ZhaoW, et al. 2019. Biomass- derived hierarchical honeycomb- like porous carbon tube catalyst for the metal- free oxygen reduction reaction. Journal of Electroanalytical Chemistry, 847: 113230.

Tang Q, Wang T. 2005. Preparation of silica aerogel from rice hull ash by supercritical carbon dioxide drying. The Journal of supercritical fluids, 35: 91-94.

Teng X, Li F, Lu C. 2020. Visualization of materials using the confocal laser scanning microscopy technique. Chemical Society Reviews, 49: 2408-2425.

Tewari P H, Hunt A J, Lofftus K D. 1985. Ambient- temperature supercritical drying of transparent silica aerogels. Materials Letters, 3: 363-367.

Tow E W, Rad B, Kostecki R. 2022. Biofouling of filtration membranes in wastewater reuse: In situ visualization with confocal laser scanning microscopy. Journal of Membrane Science, 644: 21.

Toyao T, Maeno Z, Takakusagi S, et al. 2020. Machine learning for catalysis informatics: recent applications and prospects. ACS catalysis, 10: 2260-2297.

Tu G Q, Li S Z, Han Y X, et al. 2022. Fabrication of chitosan membranes via aqueous phase separation: Comparing the use of acidic and alkaline dope solutions. Journal of Membrane Science, 646: 12.

Tu G Q, Liu X, Li Z, et al. 2021. Characterizing gelation kinetics of chitosan dissolved in an alkali/ urea aqueous solution: Mechanisms accounting for the morphological development. Journal of Membrane Science, 635: 17.

Umegaki T, Watanabe Y, Nukui N, et al. 2003. Optimization of catalyst for methanol synthesis by a combinatorial approach using a parallel activity test and genetic algorithm assisted by a neural network. Energy & Fuels, 17: 850-856.

Uragami T, Matsuda T, OkunoH, et al. 1994. Structure of chemically modified chitosan membranes and their characteristics of permeation and separation of aqueous ethanol solutions. Journal of Membrane Science, 88: 243-251.

Vareda J P, Matos P D, ValenteA J M, et al. 2022. A new schiff base organically modified silica aerogel-like material for metal ion adsorption with Ni selectivity. Adsorption Science & Technology.

Verma P, Kuwahara Y, Mori K, et al. 2020. Functionalized mesoporous SBA-15 silica: recent trends and catalytic applications. Nanoscale, 12: 11333-11363.

Vu B K, Snisarenko O, Lee H S, et al. 2010. Adsorption of tetracycline on La-impregnated MCM-41 materials. Environmental Technology, 31: 233-241.

Wagh P B, Begag R, Pajonk G M, et al. 1999. Comparison of some physical properties of silica aerogel monoliths synthesized by different precursors. Materials Chemistry and Physics, 57: 214-218.

Wang B, Zhou Y, Li L, et al. 2018. Novel synthesis of cyano- functionalized mesoporous silica nanospheres (MSN) from coal fly ash for removal of toxic metals from wastewater. Journal of Hazardous Materials, 345: 76-86.

Wang H, Shao Y, Mei S L, et al. 2020. Polymer- derived heteroatom- doped porous carbon materials. Chemical Reviews, 120: 9363-9419.

Wang J, Kong H, Zhang J Y, et al. 2021. Carbon-based electrocatalysts for sustainable energy applications. Progress in Materials Science, 116.

Wang X, Wang Y, Sang X, et al. 2021. Dynamic activation of adsorbed intermediates via axial traction for the promoted electrochemical CO_2 reduction. Angew Chem Int Ed Engl, 60: 4192-4198.

Wang X, Zhang Y, Luo W, et al. 2016. Synthesis of ordered mesoporous silica with tunable morphologies and pore sizes via a nonpolar solvent- assisted Stöber method. Chemistry of Materials, 28: 2356-2362.

Wang Z K, Nie J Y, Qin W, et al. 2016. Gelation process visualized by aggregation-induced emission fluorogens. Nature Communications, 7: 8.

Wang Z X, Chen Y M L, Sun X M, et al. 2018. Mechanism of pore wetting in membrane distillation with alcohol vs. surfactant. Journal of Membrane Science, 559: 183-195.

Willott J D, Nielen W M, de Vos W M. 2020. Stimuli- responsive membranes through sustainable aqueous phase separation. ACS Applied Polymer Materials, 2: 659-667.

Wu S H, Mou C Y, Lin H P. 2013. Synthesis of mesoporous silica nanoparticles. Chemical Society Reviews, 42: 3862-3875.

Xiao J, Yuan H, Huang X, et al. 2019. Improvement of the sludge dewaterability conditioned by biological treatment coupling with electrochemical pretreatment. Journal of the Taiwan Institute of Chemical Engineers, 96: 453-462.

Xu D, Hein S, Wang K. 2008. Chitosan membrane in separation applications. Materials Science and Technology, 24: 1076-1087.

Xu G R, Wang S H, Zhao H L, et al. 2015. Layer-by-layer (LBL) assembly technology as promising strategy for tailoring pressure- driven desalination membranes. Journal of Membrane Science, 493: 428-443.

Xu Z, Zhu J, Shao J, et al. 2022. Atomically dispersed cobalt in core- shell carbon nanofiber membranes as super-flexible freestanding air-electrodes for wearable Zn-air batteries. Energy Storage Materials, 47: 365-375.

Yang H, Yan R, Chen H, et al. 2006. In- depth investigation of biomass pyrolysis based on three major components: hemicellulose, cellulose and lignin. Energy & Fuels, 20: 388-393.

Yang J M, Su W Y, Leu T L, et al. 2004. Evaluation of chitosan/PVA blended hydrogel membranes. Journal of Membrane Science, 236: 39-51.

Yang T, Zall R R. 1984. Chitosan membranes for reverse osmosis application. Journal of Food Science, 49: 91-93.

Huang Y N, Wang X, Zheng H J, et al. 2017. Research progress on sewage sludge- based biochar. Jorunal of Functional Materials, 48: 9024-9029.

Ye Y L, Feng W M, Ge L I. 2019. Preparation and electrocatalytic oxygen reduction performance of self- doped sludge- derived carbon. Journal of Electrochemistry, 25: 270-279.

Yilmaz M S. 2022. Graphene oxide/hollow mesoporous silica composite for selective adsorption of methylene blue. Microporous and Mesoporous Materials, 330.

Yin H, Yuan P, Lu B A, et al. 2021. Phosphorus- driven electron delocalization on edge- type FeN_4 active sites for oxygen reduction in acid medium. ACS catalysis, 11: 12754-12762.

Yuan H Y, Sun S, Abu-Reesh I M, et al. 2017. Unravelling and reconstructing the nexus of salinity, electricity, and microbial ecology for bioelectrochemical desalination. Environmental Science & Technology, 51: 12672-12682.

Yuan L Y, Liu Y L, Shi W Q, et al. 2011. High performance of phosphonate- functionalized mesoporous silica for U (Ⅵ) sorption from aqueous solution. Dalton Trans, 40: 7446-7453.

Yuan N Y, Tsai R Y, Ho M H, et al. 2008. Fabrication and characterization of chondroitin sulfate-modified chitosan membranes for biomedical applications. Desalination, 234: 166-174.

Yuan S J, Dai X H. 2015. Heteroatom- doped porous carbon derived from "all- in- one" precursor sewage sludge for electrochemical energy storage. RSC Advances, 5: 45827-45835.

Yuan S J, Dai X H. 2016a. An efficient sewage sludge- derived bi- functional electrocatalyst for oxygen reduction and evolution reaction. Green Chemistry, 18: 4004-4011.

Yuan S J, Dai X H. 2016b. Facile synthesis of sewage sludge- derived in- situ multi- doped nanoporous carbon material for electrocatalytic oxygen reduction. Sci Rep, 6: 27570.

Yuan Y, Yuan T, Wang D, et al. 2013. Sewage sludge biochar as an efficient catalyst for oxygen reduction reaction in an microbial fuel cell. Bioresour Technol, 144: 115-120.

Zaker A, Chen Z, Wang X, et al. 2019. Microwave- assisted pyrolysis of sewage sludge: A review. Fuel Processing Technology, 187: 84-104.

Zeng X, Ruckenstein E. 1996. Control of pore sizes in macroporous chitosan and chitin membranes. Industrial and Engineering Chemistry Research, 35: 4169-4175.

Zhang J T, Xia Z H, Dai L M. 2015. Carbon- based electrocatalysts for advanced energy conversion and storage. Science Advances, 1.

Zhang M, Zhang J, Ran S, et al. 2022. Biomass- Derived sustainable carbon materials in energy conversion and storage applications: Status and opportunities. A mini review. Electrochemistry Communications, 138.

Zhang Y, Liu S, Zheng X, et al. 2017. Biomass organs control the porosity of their pyrolyzed carbon. Advanced Functional Materials, 27.

Zheng X J, Wu J, Cao X C, et al. 2019. N- , P- , and S- doped graphene- like carbon catalysts derived from onium salts with enhanced oxygen chemisorption for Zn- air battery cathodes. Applied Catalysis B- Environmental, 241: 442-451.

Zhou H, Zhang J, Amiinu I S, et al. 2016. Transforming waste biomass with an intrinsically porous network structure into porous nitrogen- doped graphene for highly efficient oxygen reduction. Physical Chemistry Chemical Physics, 18: 10392-10399.

Zhou P, Wan J, Wang X, et al. 2019. Three- dimensional hierarchical porous carbon cathode derived from waste tea leaves for the electrocatalytic degradation of phenol. Langmuir, 35: 12914-12926.

Zhou Z, Zhang Y, Wang H, et al. 2015. Enhanced photodegradation of pentachlorophenol in a soil washing system under solar irradiation with TiO$_2$ nanorods combined with municipal sewage sludge. Microporous and Mesoporous Materials，201：99-104.

Zhu W，Li X，Wu D，et al. 2016. Synthesis of spherical mesoporous silica materials by pseudomorphic transformation of silica fume and its Pb^{2+} removal properties. Microporous and Mesoporous Materials，222：192-201.

Zhu X，Yuan W，Lang M，et al. 2019. Novel methods of sewage sludge utilization for photocatalytic degradation of tetracycline-containing wastewater. Fuel，252：148-156.